U0175357

本丛书得到国家社科基金艺术学重大项目"中国传统工艺的当代价值研究"（17ZD05）支持

中国传统工艺经典

杭间 主编

鲁班经图说

〔明〕午荣 汇编

江牧 冯律稳 注释

山东画报出版社

总　序

杭　间

　　十七年前，我获得了国家社科基金艺术学项目的资助，开展"中国艺术设计的历史与理论"研究，这大约是国家社科基金最初支持设计学研究的项目之一；当时想得很多，希望古今中外的问题都有所涉略，因此，重新梳理中国古代物质文化经典就成为必须。这时候的学界，对物质文化的研究早有人开展，除了考古学界，郑振铎先生、沈从文先生、孙机先生等几代文博学者，也各有建树，成就斐然。但是在设计学界，除了田自秉先生、张道一先生较早开始关注先秦诸子的工艺观以外，整体还缺少系统的整理和研究。

　　这就成为我编这套书的出发点，我希望在充分继承前辈学人成果的基础上，首要考虑如何从当代设计发展"认识"的角度，对这些经典文本展开解读。传统工艺问题，在中国古代社会格局中有特殊性，儒道互补思想影响下的中国文化传统中，除《考工记》被列为齐国的"官书"外，其他与工艺有关的著述，多不入主流文化流传，而被视为三教九流之末的"鄙事"，因此许多工艺著作，或流于技术记载，或附会其他，有相当多的与工艺有关的论著，没有独立的表述形式，多散见在笔记、野史或其他叙述的片段之中。这就带来一个最初的问题，在浩瀚的各类传统典籍中，如何认定"古代物质文化经典"？尤其是"物质文化"（Material Culture）近年来有成为文化研究显学之势，许多社会学家、文化人类学者涉足区域、民族的衣食住行研究，都从"物

一

质文化"的角度切入，例如柯律格对明代文人生活的研究，金耀基、乔健等的民族学和文化人类学研究等；这时候还有一个问题需要特别指出，这就是"非物质文化遗产"的概念随着联合国教科文组织对其的推进，也逐渐开始进入中国的媒体语言，但在设计学界受到冷落，"传统工艺""民间工艺"等概念，被认为比"非物质"更适合中国表述，因此，确立"物质文化"与中国设计学"术"的层面的联系，也是选本定义的重要所在。

其实，在中国历史的文化传统中，有一条重生活、重情趣的或隐或显的传统，李渔的朋友余怀当年在《闲情偶寄》的前言中说：王道本乎人情，他历数了中国历史上一系列具有生活艺术情怀的人物与思想传统，如白居易、陶渊明、苏东坡、韩愈等，联想传统国家治理中的"实学"思想，给了我很大的启发，这就是中国文化传统中的另外一面，从道家思想发展而来的重生活、重艺术、重意趣心性的源流。有了这个认识，物质文化经典的选择就可以扩大视野，技术、生活、趣味等，均可开放收入，思想明确了，也就具有连续、系统的意义。

上述的立场决定了选本，但有了目标以后，如何编是一个关键。此前，一些著作的整理成果已经在社会上出版并广为流传，例如《考工记》《天工开物》《闲情偶寄》等，均已经有多个注解的版本。当然，它们都是以古代文献整理或训诂的方式展开，对设计学的针对性较差。我希望可以从当代设计的角度，古为今用，揭示传统物质文化能够启迪今天的精华。因此，我对参与编注者有三个要求：其一，继承中国古代"注"的优秀传统，"注"不仅仅是说明，还是一种创作，要站在今天对"设计"的认识前提下，解读这些物质经典；其二，"注"作为解读的方式，需要有"工具"，这就是文献和图像，而后者对于工艺的解读尤其重要，器物、纹样、技艺等，古代书籍版刻往往比较概念化，语焉不详；为了使解读建立在可靠的基础上，解读可以大胆设想、小心求证，但文献和图像的来源，必须来自1911年前的传统社会，它们的"形式"必须是文献、传世文物和考古发现，至于为何是1911年，我的考虑是通过封建制在清朝的覆灭，作为传统生活形态的一次终结，具有象征意义；其三，由于许多原著有关技艺的词汇比较生僻，并且，技艺的专业性强，过去的一些古籍整理学者尽管对原文做了详尽的考据，但由于对技艺了解的完整度不够，读者仍然不得其要，因此有必要进行翻译，对于读者来说，这样的翻译是必要的，因为编注者懂技艺，使得他的翻译能建立在整体完整的把握的基础上。

正因为编选者都是专业出身，我要求他们扎实写一篇"专论"用作导读，除了对作者的生平、成书、印行后的流布及影响做出必要的介绍外，还要对原著的内容展开研究，结合时代和社会变化，讨论工艺与政治、技艺与生活、空间营造与美学等的关系，因此这篇文字的篇幅可以很长，是一篇独立的论文。我还要求，需要关心同门类的著作的价值和与之关系，例如沈寿的《雪宧绣谱》，之前历史上还有一些刺绣著述，如丁佩的《绣谱》，虽然没有沈寿的综合、影响大，但在刺绣的发展上，依然具有重要价值，由于丛书选本规模所限，不可能都列入，因此在专论里呈现，可以让读者看到本领域学术的全貌。

如何从现代设计的角度去解读这些古代文献，是最有趣味的地方，也是最有难度的地方。这种解读，体现了编注者宏富的视野，对技艺发展的深入的理解，对原文表达的准确的洞察，尤其是站在现代设计的角度，对古代的"巧思"做出独特的分析，它不仅可从选一张贴切的图上面看出，也更多呈现在原文下面的"注"上，我注六经，六经注我，重在把握的准确和贴切，好的注，会体现作者深厚的积累和功力，给原文以无限广阔的延伸，所以我跟大家说，如有必要，"注"的篇幅可以很长，不受限制。当然这部分最难，因人而异，也因此，这套丛书的编注各具角度和特色。由于设计学很年轻，物色作者很伤脑筋，一些有影响的研究家当然是首选，但各种原因导致无法找到全部，我大胆用了文献功底好的年轻人，当时确实年轻，十七年以后，他们都已经成为具有丰富建树的中坚翘楚。

　　要特别提到的是山东画报出版社的刘传喜先生，他当年是社长兼总编辑，这套书的选题，是我们在北京共同拟就的，传喜社长有卓越的出版人的直觉，他对选题的偏爱使得决策迅速果断；他还有设计师的书籍形态素养，对这套丛书的样貌展望准确到位。徐峙立女士当年是年轻的编辑室主任，她也是这套书的早期策划编辑，从开本、图文关系、注解和翻译的文风，以及概说的体例，等等，都是重要的思想贡献者。

　　这套书出版以来，除了受到设计界的好评外，还受到不少喜欢中国传统文化读者的喜爱，尤其是港澳台等地的读者，对此套丛书长期给予关注，询问后续出版安排，而市面上也确实见不到这套丛书的新书了，有鉴于此，在徐峙立女士的推动下，启动了此丛书的再版，除了更正初版明显的错误外，还因为2018年我又获得国家社科基金艺术学重大项目"中国传统工艺的当代价值研究"的立项支持，又开始了后续物质文化经典的编选和选注工作，并重新做了开本和书籍设计。

　　也借此机会，把当年只谈学术观点的总序重写，交代了丛书的来龙去脉。在过了十七年后，这样做，颇具有历史反思的意味，"图说"这种样式当年非常流行，我们的构思也不可免俗地用了流行的出版语言，但显然这套丛书的"图说"与当年流行的图说有很大的不同，它希望通过读文读图建构起当代设计与古代物质生活之间全方位的关系，"图"不仅仅是形象的辅助，而更是一种解读的"武器"，因而也是这套书能够再版的生命力所在。对古代文献的解读仍然只是开始，这些著述之所以历久常新，除了原著本身的价值外，还因为读者从中看到了传统生活未来的价值。

　　是为序。

2019年12月19日改定于北京

目　录

叁　宅院篇

肆　附录篇

专论：中国古代工匠智慧的结晶

——《鲁班经》概说

漫长的历史中，我国古代工匠以"木"为主要材料，在建筑、家具设计方面形成了风格独特、技艺精巧的木构体系。同时，还出现了记录工匠技艺、思想等智慧的著作，如北宋的《木经》《营造法式》和清工部的《工程做法》等。《鲁班经》作为一部有关古代建筑家具设计的著作，大致成书于明代万历年间。与那些官修著作不同，《鲁班经》出自民间，流传于民间，其内容也十分繁杂，既有与建筑家具设计相关的方法和程序，也有择日择址的堪舆风水。其中很多是对前人智慧的总结和继承，也有一些内容是当时匠人的创造。可以说，《鲁班经》是一部闪烁着古代工匠智慧光芒的著作。

一、对前期设计规划的重视

就建筑家具而言，在其开始制作之前，存在一个设计规划的过程，即预先在头脑中规划出它的形态、尺寸、结构等，也可以用绘画的形式展现出来。我国古代很早就开始注重设计规划。唐代柳宗元写有《梓人传》，其中的"梓人"，使用的工具是度量长短、规划方圆和校正曲直的"寻、引、规、矩、绳、墨"，擅长的工作是计算、测量木材、观看绘制房屋的式样和尺寸，指挥众多的工匠用锯、斧、凿等工具一起工作。这个"梓人"的行业地位很高,"舍我,众莫能就一宇。故食于官府,吾受禄三倍,作于私家,吾收其直太半焉"。但同时,他不懂具体施工技术,连床坏了都需要找其他工匠修理。宋代的袁采认为,建造房屋是一个家庭中最难的事情,"盖起造之时,必先与匠者某("某",通'谋')"[1],即在建筑房屋之前,东家要与主事工匠商讨房屋的设计规划问题。到了明代,随着建造业的进一步兴盛,很多文人也参与其中。文徵明参与拙政园的设计,文震亨在《长物志》中发表了对建筑和家具设计的看法。计成除了参与园林设计,还撰写了一部关于园林设计且内容全面的著作《园冶》,其中明确指出了设计规划的重要性,他认为,"世之兴造",应该是"三分匠,七分主人","主人"指的是"能主之人",也就是负责设计规划的人。他还认为"古公输巧,陆云精艺,其人岂执斧斤者哉",公输班(即鲁班)和陆云之所以被看作技艺最高的工匠,是因为他们擅长使用规和矩这样的工具做设计规划,而不是因为他们使用斧斤的技术高明。故在以计成为代表的明代文人眼中,设计规划是高于具体施工技艺的。可见,《鲁班经》成书的时代,人们对设计规划已经有了一定的认识。

总体来看,《鲁班经》的内容基本可以分为八部分:一、伐木备料,为工程准备材料;二、开工人事准备,包括各种大小工程活动的开工时间的选择、工匠们的活动准备、东家自家的准备以及对邻居的关照等;三、立木上梁,主要对上梁仪式的一系列过程做了详细描述;四、确定房屋间数;五、地基找平,讲述了具体的方法,利用水面平静的原理,通过一些工具为地基找平;六、画起屋样,即绘制工程设计图,主要包含三项内容,分别是各种工具尺的使用方法、几种常见的梁架结构的具体样式、门和亭子的设计问题;七、对具体设计物的

---

[1](宋)袁采:《袁氏世范·治家》,《四库全书》(第698册),上海古籍出版社,1987年,第640页。

讲解，基本可以分为大木作和小木作两种类型，大木作又可以分为主体建筑和与主体建筑进行搭配的次要建筑，小木作主要指家具设计，也包括如垂鱼和驼峰这种小型的建筑构件；八、堪舆风水，除与以上七个部分对应的风水外，还包括卷三、秘诀仙机和择日全纪的全部。详见表一、表二。

表一　　　　　　　　《鲁班经》前两卷主要内容的分类

阶段	工序名称	书中相关条目	主要内容
1	伐木备料	人家起造伐木	选木、伐木、木料堆放及相关风水
2	开工注意事项	起工架马、起工破木、修造起符便法、画柱绳墨、动土平基、定磉扇架、竖柱吉日、上梁吉日、拆屋吉日、盖屋吉日、泥屋吉日、开渠吉日、砌地吉日、结砌天井吉日	各种大小工程开工的注意事项，特别是时间的选择
3	立木上梁	起造立木上梁式　请设三界地主鲁班仙师祝上梁文	上梁仪式的程序和操作方法
4	房屋间数	造屋间数的确定	以风水的吉凶的形式对房屋间数进行规定
5	地基找平	断水平法	利用水面的平静，寻找地面平整
6	房屋样式	画起屋样	对画图内容的总说
		鲁班真尺、曲尺、定盘真尺	各种相关工具尺的用法
		三架屋后连三架法、五架房子格、正七架三间格、正九架五间堂屋格、秋千架	屋架各种样式
		小门式、搜焦亭、造作门楼、五架屋诸式图、五架后拖两架、正七架格式	门、亭及梁架样式的补充说明
7	大木作（具体建筑）	王府宫殿、司天台式、装修正厅、寺观庵堂庙宇式、装修祠堂式、神厨搽式、营寨格式、凉亭水阁式	主体建筑
		桥梁式、郡殿角式、建造钟楼格式、仓廒式、建造禾仓格、五音造牛栏法、五音造羊栈格式、马厩式、马槽样式、马鞍架、猪栏样式、鹅鸭鸡栖式、鸡栖样式	次要建筑

（续表）

阶段	工序名称	书中相关条目	主要内容
7	大木作（具体建筑）	屏风式、围屏式、牙轿式、大床、藤床式、凉床式、禅床式、桌、八仙桌、小琴桌式、棋盘方桌式、一字桌式、折桌式、香几式、诸样垂鱼正式、驼峰正格、衣架雕花式、素衣架式、面架式、雕花面架式、鼓架式、铜鼓架式、花架式、凉伞架式、禅椅式、交椅式、学士灯挂、板凳式、琴凳式、杌子式、搭脚仔凳、衣笼样式、镜架及镜箱式、风箱样式、大方扛箱式、食格样式、衣橱样式、衣箱式、药橱、药箱、柜式、烛台式、火斗式、衣折式、圆炉式、看炉式、方炉式、香炉样式、招牌式、牌匾式、洗浴坐板式、象棋盘式、围棋盘式、算盘式、茶盘托盘样式、踏水车、手水车式、推车式	以室内家具为主，附带一些医药、商业、农业生活中常用的工具

表二　　　　　《鲁班经》中风水内容的归纳分类

序号	具体分布	主要内容
1	卷一与卷二	与工匠每一步的具体活动相对应，指导具体工作
2	卷三	以建筑布局规划为主，包括大门、建筑与建筑、建筑与道路、庭院内部环境、庭院与外部周边的关系等注意事项
3	秘诀仙机	以"禳解"为主，含有施咒和破解诅咒的方法，实则指明了房主与"恶匠"、房主与邻居等关系的处理方式
4	择日全纪	以人事活动的日期选择为主，一部分择日活动与卷一和卷二中的相同，但可选择的时辰更多，此外，将婚嫁等许多与工程无关的事项也收录其中

（注：表一、表二为作者自绘。）

通过表一，可以看出《鲁班经》基本包含了从伐木备料到工程完工的一系列程序，特别是对设计规划的要点作了更为详细的介绍：一、介绍了绘制房屋样式的方法和常见的几种梁架式样；二、对鲁班尺、曲尺（图0-1）、门光尺等工具尺的使用方式作了说明，适宜的尺度是决定设计是否符合人的需要的一个关键因素；三、书中用更大的篇幅对各种建筑家具的尺寸做了分条列举。这些工具尺所代表的工作性质和具体工作内容，基本与唐代那位"梓人"一致，都是设计规划。与设计规划相对应的具体技术，也就是"梓人"不会的那些技术，《鲁班经》基本没有提及，如榫卯、家具部件的制作方法等。可见，从内容的性质来看，《鲁班经》更重视的是设计规划，甚至将其放在比具体技术更为重要的位置。

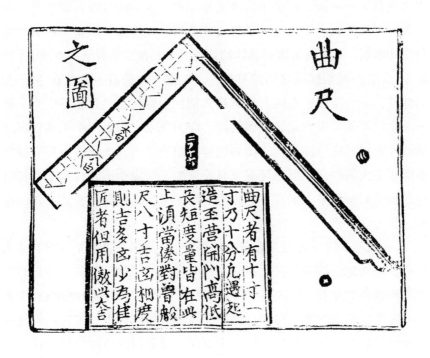

图0-1 《新编鲁般营造正式》中的曲尺

　　另外，明朝是我国出版印刷业大发展的时代，印刷数量和质量都大幅提高。《鲁班经》在民间大规模流传，与印刷术的进步也是分不开的。将天一阁藏的《新编鲁般营造正式》古籍残卷与《鲁班经》加以对比，会发现《鲁班经》收录了《新编鲁般营造正式》残卷的所有文字内容，插图方面则发生了很大变化。《新编鲁般营造正式》因为成书时间较早，书中只有一些简单的插图，而《鲁班经》则随着印刷技术的进步，书中换成了精美复杂的插图，其中一些还添加了人物场景，一如当时小说、戏曲书籍中的插图。那些场景中的一些人物活动则指向了设计规划。例如"五架后拖两架"插图（图0-2），在房屋梁架之下有两人，站立于前者，腰间插有一柄斧头，可知其应为一名工匠，很可能是工匠头领。而位于后者宽袍大袖，应为建筑项目的东家，他正在向工匠头领说明自己对于房屋建造的总体想法，以便工匠头领进行设计规划，并最终落实到具体的营建之中。在"屏风式"插图中（图0-3），室内两架屏风之间站有两人，左侧人物的右手中握有"L"形的曲尺，应为工匠；右侧人物宽袍大袖，手臂相交，且右手中有一把未完全展开的折扇，显得悠闲自得，应为东家。两人似乎正在就屏风的尺寸和样式进行商讨，而图中的屏风则表明两人谈话的内容。插图由雕版工人制作，他们与建筑家具设计的工匠属于不同行业，却将这样的场景刻画出来，这在一定程度上反映了当时社会对设计规划的态度，认为它是必不可少的环节。

　　《鲁班经》的开头为《鲁班仙师源流》，虽然很可能是当时的文人所作，但文意也基本与正文相符。其中有言："不规而圆，不矩而方，此乾坤自然之象也。规以为圆，矩以为方，实人官两象之能也。"意在说明工匠最高的水平是如自然造化那样的鬼斧神工，工匠达到这一水平需凭借的则是规和矩这样的工具尺，而它们的功能恰恰又代表了设计规划。所以，无论是从《鲁班经》的内容，还是从社会观念来看，建造工程中的设计规划都被摆在更为重要的位置。

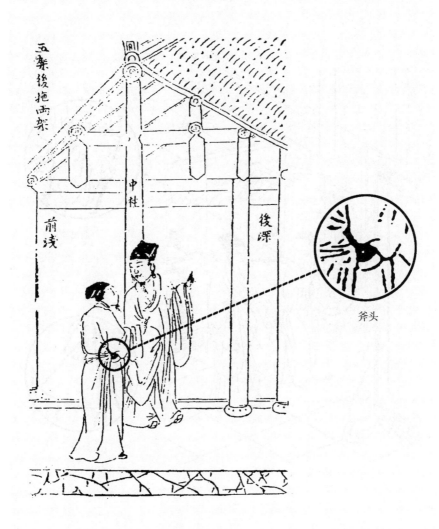

图0-2 《鲁班经》插图 五架后拖两架

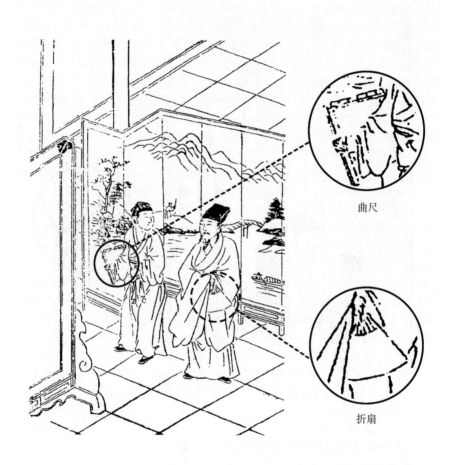

曲尺

折扇

图0-3 《鲁班经》插图　屏风式

二、在实践中总结"设计原则"

设计原则的制定，是为了使设计更加规范合理。古代的"设计原则"虽然较为粗陋，但其目的基本与现代设计原则相同，是为了使设计符合人的需要。早在原始社会时期，人类已经开始在自然中寻找适合的环境，建造居舍。战国时期的《考工记》已经有了一定的总结，指出"天有时，地有气，材有美，工有巧，合此四者，然后可以为良"[1]。随着实践的不断深入，历代工匠在继承前人经验的基础上，进一步开拓总结，逐步形成了"设计原则"，供工匠们参考。《鲁班经》中大量辑录了这些"设计原则"，以卷三的七十一组图诗为代表。以现代科学的视角来看，这些诗文中有一些错误的内容，集中体现在遵循或违背设计原则时出现的那些结果上。但如果撇开其落后的一面，我们可以发现，这些诗文是实用性质的，其出发点是让人过得更好，希望选择规划出一个宜人的环境。《鲁班经》的卷三以图片配诗文的形式呈现，对建筑相关的设计规划进行指导，包括大门、建筑与建筑、建筑与道路、庭院内部和外部环境等方面的注意事项。为了便于记忆，工匠将这些"设计原则"编成朗朗上口的短诗，且诗中的含义简单明了，基本分为两类，即对人有利和对人有害。为了达到警示效果，使工匠把设计做得更符合人的需要，诗中将不合要求的设计带来的危害说得很严重，这正符合普通百姓的认知方式，容易接受，也体现了《鲁班经》作为民间著作的特性。

门扇经常开合，用于承重的门柱需要非常坚固，如果为了省木料，将不成材的木头拼接在一起当门柱，不如整根的好木材坚实。为了起到警示作用，《鲁班经》中说："门柱补接主凶灾，仔细巧安排。上头

---

[1] 闻人军：《考工记译注》，上海古籍出版社，2008年，第4页。

目患中劳吐，下补脚疾苦。"（图0-4）严重的病痛应该足够引起房主和工匠们的重视。同样，在选址规划方面，我国古代讲究"近水利而避水患，即接近水源但地势要高于洪水位"[1]，居住得离水太近会有危险，还会受蚊虫叮咬的困扰，故《鲁班经》说："人家不宜居水阁，过房并接脚。两边池水太侵门，流传儿孙好大脚。"（图0-5）古代女子以小脚为美，大脚的可能嫁不出去，甚至会使整个家族声誉受损，对古人而言，危害已经足够大。

　　当某些设计规划方式符合人的需要、对人有利，诗文就会夸张地赞扬，比如"富足田园粮万亩""金玉似山堆"等。

图0-4　门柱补接

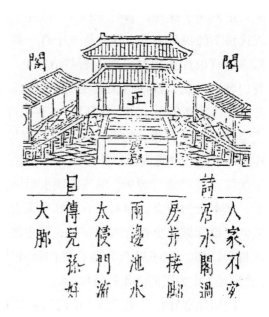

图0-5　人家不宜居水阁

---

〔1〕潘谷西：《中国建筑史》，北京：中国建筑工业出版社，2010年，第233页。

三、运用"列举法"提升工作效率

随着社会经济的发展，建筑工程渐多，特别是到了明代中后期，普遍打破了明初对建筑规制的限制。明末唐锦的《龙江梦余录》卷四中说："我朝庶人亦许三间五架，已当唐之六品官矣。江南富翁，一命未沾，辄大为营建，五间七间，九架十架，犹为常耳，曾不以越分为愧。浇风日滋，良可慨也。"[1]江南地区因为得天独厚的条件，更是出现了修建园林、住宅的热潮。为此，当时的工匠队伍不断壮大，很多农民也会在农闲季节加入到工程队伍中，挣取额外收入，而香山帮则是当时工匠队伍中的代表。

《鲁班经》借助祖师爷鲁班的名号，可以对工匠行业起到一定的规范作用，使众匠人按照书中给定的样式、尺寸进行设计施工。但最重要的是，为了应对诸多工程，《鲁班经》运用"列举法"，在很多方面提升了工匠的工作效率。首先，在设计规划方面，《鲁班经》中提供了多种梁架结构样式，包括三架、五架、七架、九架以及"偷栋柱"的秋千架等，东家可以根据自身实际需要，从中做出选择，从而简化东家与工匠的设计规划过程；其次，在工匠施工方面，会涉及很多木材的尺寸数值，建筑中有梁架的尺寸，家具中有各种部件的尺寸，通过书面记录，在一定程度上省去了工匠记忆很多尺寸数字的烦恼，也避免了因为记忆错误而浪费建筑材料、延误工程进度的问题；再次，对于开工时间的选择，书中把大小工程的具体的吉日良时一一列出，包括起工架马、起工破木、画柱绳墨、动土平基、定磉扇架、竖柱、上梁、

---

[1]（明）唐锦：《龙江梦余录》（卷四），《续修四库全书》（第1122册），上海古籍出版社，2002年，第354—355页。

拆屋、盖屋、泥屋、开渠、砌地、结砌天井等，在遇到具体的施工环节时，只需结合自家的实际情况，从《鲁班经》中选择一个合意的便可，这样就省去了请风水师查看计算的时间，即使在遇到大雨等特殊情况时也能够便宜行事。如此一来，从设计到施工过程的各环节，可以衔接得更加紧密，有关木材尺寸的裁定更加精确，从而在一定程度上提高了工程效率。

《鲁班经》中的"列举法"简单易行，其实用性得到了社会的认可，清代雍正年间编订的《工程做法》，也延用了这一方式。宫廷中的门分多种类型，尺寸各异，《工程做法》中将门口的尺寸分为"财门""义顺门""官禄门""福德门"四类，共列出具体尺寸一百二十四种。在施工时，不再需要匠人根据"鲁班真尺"和"门光尺"等进行压白、定吉凶之类的推算活动，在一定程度上达到了省时省工的效果。

四、巧妙处理各种社会关系

《鲁班经》中的社会关系，以工程设计施工活动为中心，主要包括工匠与东家、东家与邻居、工匠与风水师等三方面的关系。

（一）工匠与东家的关系

一般而言，在古代社会，工匠会尽力为东家服务，建造出宜居的房屋，当遇到风水不足的情况，工匠也会想办法补救，《秘诀仙机》中的"鲁班秘书"记载了很多具体方式，可供匠人选择使用；东家也会因为工匠的辛勤劳作而善待工匠。但也有特殊情况存在，工匠可能会遇到欺人的东家，东家可能会遇到"作恶"的工匠。据载，朱元璋在明朝初年打算将家乡凤阳设为中都，但在建设五年而初具规模时却突然下令终止，原因之一应该是工匠们不堪重负，在宫殿建造过程中使用了"魇镇法"。[1]此外，高濂作为明代著名戏曲作家，其著作《遵生八笺》的"起居安乐笺"篇，专门记述了"起造工匠魇镇解法"。可见，当时社会上确实存在工匠与东家不和的情况。

为此，《鲁班经》的《秘诀仙机》以"禳解"为主，指出"有禳必有解"。工匠可以通过在建造过程中动手脚而伤害东家，"木石泥水匠作诸色人等蛊毒魇魅，殃害主人"；东家也可以利用"禳解"等巫术方式让恶匠"自作自当"。这样，东家与工匠之间就有了相互克制的方法，双方心中都会有所忌惮，工匠不会恶意坑害东家，东家也不会压榨工匠的劳动，即使在施工过程中出现一些矛盾，也会因为互相忌惮而采取温和的解决方式。[2]

（二）东家与邻居的关系

人们都生活在一定的社会环境中，会有左邻右舍。房屋建造作为大工程，施工过程中必然会对邻居的生活造成一定的影响，诸如木料堆放、匠人交谈、工程噪音等，为此，东家需要妥善处理与邻居的关系，以免产生矛盾。《鲁班经》中的《论东家修作西家起符照方法》，为处理邻里关系提供了方法："凡邻家修方造作，就本家宫中置罗经，格定邻家所修之方……将符使照起邻家所修之方，令转而为吉方。"东家在开展工程建设时，邻居只要在利用罗盘等工具测定的位置贴上符咒，焚香祷告，就能够安然无恙，不会再受任何影响。从现代科学角度来看，这种方式并不会有实际作用，但在当时深受封建迷信影响的社会环境下，已经能够给邻居带来心理上的安宁，使邻居对施工过程

---

[1]潘谷西：《中国古代建筑史》（第四卷元明建筑），北京：中国建筑工业出版社，2009年，第7—16页。

[2]〔美〕白馥兰著，江湄、邓京力译：《技术与性别——晚期帝制中国的权力经纬》，南京：江苏人民出版社，2006年，第124—130页。

给自己带来的实际影响采取一种较为包容的态度。

（三）工匠与风水师的关系

明代，风水已经在社会上广泛流行，木工活动也受到了风水行业的侵扰。当东家准备开展工程的时候，必然要涉及风水择址、择日等问题，这些工作本是由东家请风水师来完成。但是，如此一来，工匠就会受到风水师的牵制，需要按照风水师的指示来施工。然而，风水是一个科学与愚昧共存的混合体，其中既有正确的科学知识，也掺杂了很多错误的内容，所以，风水师的观点也可能存在错误。此外，建筑与风水是两个不同的行业，风水师不一定具备足够的木工知识。在这样的情况下，风水师的意见难免会给工匠带来不必要的麻烦，造成施工上的困难，影响工程的质量。工程的质量问题会使工匠名誉受损，同时，东家也会有很大损失。所以，工匠需要争夺在工程上的主动权，排除风水师的干扰。同时，在行业竞争方面，一个懂风水的工匠具有更大的竞争力，甚至可以将被风水师夺走的那部分工钱重新夺回来。

然而，在社会环境的影响下，这必然增加了工匠工作的难度，他们除了要掌握本行业的技艺，还要懂得一定的风水，甚至还要用风水为本行业的技艺作包装。鲁班尺本来是一种实用性的工具尺，但工匠却要将实用功能用风水吉凶进行解释。他们将鲁班尺平均分为八份，将合适的尺寸定义为"财""义""官""吉（或本）"，不合适的尺寸则定义为"病""离""劫""害"。（图0-6）鲁班尺其实是以尺长的一半为模数单位来确定门的尺寸的，因为由"财"到"义"是半尺（尺长度的一半），由"官"到"吉"也是半尺，只要以半尺为单位就不会挨到代表不吉的那四个字。[1] 此外，不同身份的家庭的门的大小是有区别的，鲁班尺就

---

〔1〕程建军、孔尚朴：《风水与建筑》，南昌：江西科学技术出版社，2005年，第138—143页。

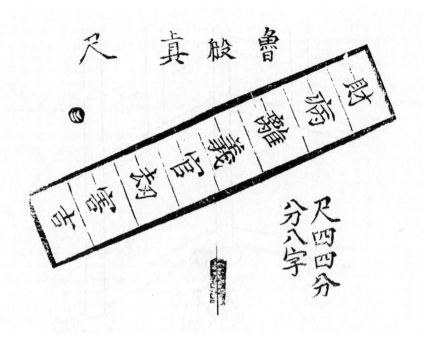

图0-6 《新编鲁般营造正式》中的鲁班真尺

以不同的字去对应家庭身份，"义门惟寺观学舍义聚之所可装，官门惟官府可装"。可见，工匠为了在行业竞争中提升自己的地位，除了学习风水，还要把原来本行业的技术套上一层风水的外衣。

古代工匠之所以看重社会关系的处理，其实是为了工程能够顺利进行。对于建筑工程而言，负责指挥的管理型工匠和负责设计规划的智能型工匠常常是同一个人。施工过程中，管理型工匠会与房东进行工程监督。如图0-7，宽大衣袖的东家正站在旁边，观看工匠修整木料，旁边的地上还摆着刚刚制作出来的雀替。可是，人的监督能力有限，很难面面俱到。为了让每个匠人都按要求工作，古人就把这种监督寄托在风水之上，通过祷告仪式让那些"恶匠"自作自受。这种方式应该会给那些"恶匠"造成心理压力，使他们放弃作恶。以现代的

图0-7 《鲁班经》插图　东家观看工人施工

理解方式来看，这种风水应该类似于规范工匠行为的施工规范，促使工匠们认真施工，不偷工减料。另外，巧妙地处理邻里关系、排除风水师的干扰，都在一定程度上减少了影响工程质量和进度的潜在因素。

综上，《鲁班经》是我国古代工匠智慧的结晶，是历代工匠在长期实践中的总结。书中所包含的建筑家具设计、社会关系处理、地域规划以及堪舆风水等庞杂的内容，正是对当时社会环境的反映。随着社会对建筑家具需求量的增大，工匠们需要提高工作效率，便将常用的建筑家具样式和尺寸列出，以备查阅，省去了推算的时间；为了应对复杂的社会环境，工匠们需要处理与建筑工程相关的社会关系，包括工匠与风水师、工匠与东家、东家与邻居等方面的关系，为了在行业竞争中胜出，工匠们不得不将自身的一些技能套上风水的外衣。总体来看，古代工匠以实用功能为价值取向，以保证工程质量为核心内容。面对社会环境的变化，虽然他们采用的一些方法不够科学，但他们积极应对，通过外在形式的改变，来实现与社会的融合。总之，我国古代工匠的智慧，是不断实践总结、始终与时俱进的智慧。

新镌工师雕斫正式鲁班木经匠家镜卷之一

北京提督工部　御匠司　司正　午荣　汇编

局匠所　把总　章严　同集

南京递匠司　司承　周言　校正

图1-1 《鲁班经》扉页插图

鲁班仙师源流[1]

师讳[2]班，姓公输，字[3]依智。鲁之贤胜路，东平村人也。其父讳贤，母吴氏。师生于鲁定公三年甲戌五月初七日午时，是日白鹤群集，异香满室，经月弗散，人咸[4]奇之。甫[5]七岁，嬉戏不学，父母深以为忧。迨[6]十五岁，忽幡然[7]，从游于子夏之门人端木起，不数月，遂妙理融通，度越[8]时流。愤诸侯僭[9]称王号，因游说列国，志在尊周，而计不行，乃归而隐于泰山之南小和山焉，晦迹[10]几一十三年。偶出而遇鲍老辈[11]，促膝宴谭[12]，竟受业其门，注意雕镂刻画，欲令中华文物焕尔一新。故尝语人曰："不规[13]而圆，不矩[14]而方，此乾坤自然之象也。规以为圆，矩以为方，实人官两象之能也。矧[15]吾之明，虽足以尽制作之神，亦安得必天下万世咸能，师心而如吾明耶？明不如吾，则吾之明穷[16]，而吾之技亦穷矣。"爰是既竭目力，复继之以规矩准绳。俾公私欲经营宫室[17]，驾造舟车与置设器皿，以前民用者，要不超吾一成之法，已试之方矣，然则师之。缘物尽制，缘制尽神者，顾不良且巨哉，而其淑配[18]云氏，又天授一段神巧，所制器物固难枚举，第较之于师，殆[19]有佳处，内外赞襄[20]，用能享大名而垂不朽耳。禽[21]是年跻[22]四十，复隐于历山，卒遘[23]异人授秘诀，云游天下，白日飞升，止[24]留斧锯在白鹿仙岩，迄今[25]古迹昭然如睹，故战国大义赠为永成待诏义士。后三年陈侯加赠智惠法师，历汉、唐、宋，犹能显踪[26]助国，屡膺[27]封

二一

号。我皇明〔28〕永乐间，鼎创〔29〕北京龙圣殿，役使万匠，莫不震悚。赖〔30〕师降灵指示，方获洛成〔31〕。爰〔32〕建庙祀之扁〔33〕，曰"鲁班门"，封待诏辅国太师北成侯，春秋二祭，礼用太牢〔34〕。今之工人，凡有祈祷，靡不随叩随应，忱〔35〕悬象著明〔36〕而万古仰照者。

注释

〔1〕源流：源头和流传过程。指鲁班的生平故事以及他在漫长的历史中显圣的事迹。

〔2〕讳：避讳，讳言。古人的"名"由父母长辈所取，为了符合孝道，表示对父母长辈的尊敬，只有自己的父母长辈可以称呼自己的"名"，外人则需要避讳。

〔3〕字：古人除了父母长辈给的"名"，在成人之后还会自己取"字"或"号"，而且可以取很多个，外人为了表示尊敬，多以"字"或"号"来称呼。

〔4〕咸：所有，全都。

〔5〕甫：才，刚刚。

〔6〕迨：及，等到。

〔7〕幡然：很快而彻底地（改变）。

〔8〕度越：超过。

〔9〕僭：僭越，篡位。

〔10〕晦迹：隐藏踪迹，即隐居。

〔11〕鲍老辈：一位姓鲍的老前辈。

〔12〕促膝宴谭：促膝，膝盖对着膝盖，指两人面对面靠近坐着；宴，欢乐；谭，同"谈"。形容两个人亲切友好地交谈。

〔13〕规：画圆的工具。

〔14〕矩：画方的工具。

〔15〕矧（shěn）：况且。

〔16〕穷：尽，完。

〔17〕宫室：古时房屋的通称。

〔18〕淑配：佳偶，贤妻。《元史·后妃传一·完者忽都皇后》中有："春若中宫之位，允宜淑配之贤。"

〔19〕殆：大概。

〔20〕内外赞襄：夫妻二人相互配合，齐心协力。内外：古代讲究男主外女主内，夫唱妇随，内指代妻子，外指代丈夫。　赞襄：辅助、协助。

〔21〕裔：于。

〔22〕跻：登，上升。

〔23〕卒遭：偶然遇到。　卒：同"猝"，突然，偶然。　遭：相遇。

〔24〕止：通"只"，仅仅。

〔25〕迄今：到现在。

〔26〕显踪：显灵。

〔27〕屡膺：多次接受。

〔28〕现存《鲁班经》版本，以北图本、故宫珍本等为代表的明代版本，此处"我皇明"中，自"皇"字起换行顶格，体现了我国古代对帝王的尊敬，皇帝要在万万人之上，哪怕是在印刷的书籍当中也应该在最上方的位置。其他很多清代版本，可能因为朝代更替，便将"我皇明"三字改为"明朝"二字。

〔29〕鼎创：大力建造。鼎是国之重器，国家王权的象征，春秋时期楚王问鼎，就是对周天子王权的侵犯，故以鼎代指大、重。

〔30〕赖：依赖，依靠。

〔31〕洛成：洛，古同"落"，指工程完工。

〔32〕爰：于是。

〔33〕扁：通"匾"，匾额。

〔34〕太牢：中国古代祭祀活动等级。太牢等级最高，与之相对应的是低等级的少牢。太牢是天子举行的祭祀，需要用牛、羊、豕（猪）三牲作为祭品。少牢是诸侯举行的祭祀，祭品只有羊、豕，没有牛。《礼记·王制·第五》："天子社稷皆大牢（大牢即太牢），诸侯社稷皆少牢。大夫士宗庙之祭，有田则祭，无田则荐。"

〔35〕忱：诚恳，真诚的情意。

〔36〕悬象着明：悬挂着鲁班的画像，供桌上摆放着用于供奉的香烛，如此表现人们对祖师爷鲁班的敬重。

补说

《鲁班仙师源流》是对匠人们的祖师爷鲁班的生平事迹的歌颂和赞扬，大致可以分为六个部分：

其一，颇具传奇色彩的降生和童年。在我国古代，凡是英雄、圣人之类的人物，一般在出生时和幼年时代都会有一些与常人不同的地方，从而体现他们的与众不同。此处说鲁班仙师出生时，屋外有一群象征祥瑞的仙鹤飞来，屋内一个月里都"异香满室"。这已经极大地显现出鲁班是一个与众不同、受上天眷顾的人。为了进一步彰显他的不平凡之处，说他在长到七岁的时候，还不会像普通孩子那样跑着玩耍，父母都为此忧心忡忡。但是，到了十五岁时，鲁班发生了很大的变化，跟着端木起学习，几个月就成绩斐然，领悟了学问的精髓。这一忧一喜，就给了鲁班一个漂亮的出场，预示了他必成大器。从鲁班的出身来看，明代心学大师王阳明倒是与之有几分相似之处。王阳明，字守仁，作为心学的集大成者，与孔子、孟子、朱熹并称为孔、孟、朱、王。王阳明出生时也颇具传奇色彩，据说他母亲怀胎时间超过十个月，在出生之前，他的祖母梦见天神怀抱一赤子，脚踏祥云，从天而降，祖父遂为他取名为"云"，并给他居住的地方起名为"瑞云楼"。王阳明的童年，与普通小孩大不相同，他五岁仍不会说话，但已能够默记祖父所读的书。有一高僧从他家路过，摸着他的头说"好个孩儿，可惜道破"。所指的就是他名字中的"云"，因"云"有说话之意。于是，他的祖父根据《论语·卫灵公》所云"知及之，仁不能守之，虽得之，必失之"，为他改名为"守仁"，随后他就开口说话了。或许，在明代人的文化观念中，圣人降世就应该有一些奇迹出现。

其二，品德高尚。在我国传统文化中，讲究"德艺双馨"。如果一个人品德有问题，那么即使技艺再高明，也不会受到人们的敬仰。为了突出鲁班的宗师地位，就免不了弘扬他的"德"，而这个"德"在很大程度上需要符合儒家道德规范。于是，鲁班成了一个维护儒家正统思想的人，他在自己生活的春秋战国时代，极力维护周王室的正统，对当时诸侯们僭越礼仪，自己称王的行为感到十分愤怒，为此还"游说列国"。在自己的主张无法实现的情况下，转而归隐，拒绝与这些大逆不道的诸侯们合作，以保持自己的气节。

其三，工艺巧妙。正所谓"名师出高徒"，名师的教导是人生成长路上必不可少的一个环节，鲁班首先也是经过了"鲍老辈"这位名师的指点。那么，达到什么程度才是神乎其技呢？应该是对天地造化的完美模仿，也就是鬼斧神工。大自然无比神奇，不用规和矩就能画出方和圆，而一般人则需要借助工具才能完成。鲁班已经达到了与大自然相同的境界。在众多的工具之中，此处仅选择了规和矩，在无形之中也表明了二者的重要程度，说明了古代设计中最重要的是规和矩这两种工具，匠人们需要借助它们来确定材料的尺寸、完成工程的整体规划。那些用于雕镂刻画的斧、锯、凿等利器则居于次要地位了。

其四，在传统农业社会，男耕女织，各就其位，社会才能正常发展。夫唱妇随，也正符合儒家传统礼仪规范。鲁班作为传统社会中众多工匠的祖师爷，也应该拥有这样一个家庭。他的夫人云氏，拥有上天赐予的技巧，制作了很多利于百姓的器物。他们夫妻二人互帮互助，被塑造成了模范夫妻的形象。

其五，"白日飞升"。这本是道教中的说法，人修炼得道后，会在白昼飞升天界成仙。如此，进一步神化了鲁班。为了说明此言不虚，确有其事，后文补充道"止留斧锯在白鹿仙岩"，正是告诉世人，鲁班的斧锯乃是鲁班飞升的证物。那么，鲁班就真的成了仙师，他能够显灵也就顺理成章。《鲁班经》作为记录木工技艺的书籍，且以"鲁班"为名，增加了神秘感和权威性。但从实际情况来看，该书并非鲁班流传下来的秘籍，而是明代人对前人智慧的汇辑和编纂。

其六，历朝历代显灵而受人敬重。鲁班在飞升之后，就可以通俗地理解为仙人。祖师爷作为神仙，每当建造工程中遇到巨大困难，总能够显灵保佑，足见其神通广大。另外，历朝历代都对鲁班追加封号，也说明了鲁班仙师的灵验和伟大。实际上，这一现象体现了我们中华民族谦虚的传统美德。历史上能工巧匠众多，但他们并不会把荣誉据为己有，而是归功于人民的智慧，而鲁班则是集体智慧的符号。

总体来看，"源流"叙述逻辑清晰，内容完整，且带有一定的文采，应是出自文人手笔。相比之下，该书正文的语言则略显粗俗，更有民间色彩。

图1-2　明成化《开宗义富贵孝义传》插图《开公看鲁般造门》

　　《开宗义富贵孝义传》以弘扬孝道为主题展开故事情节。开宗义全家一千多口人，依然居住在一起，上下和气。上天感念一家孝行，于是降下千年婆娑树，由鲁班亲自制作成家中的第十重门。鲁班神乎其技："用手一弹开线路，木分两片地中心。不偏不侧无亏曲，斧头凿子把来轮（抡）。"开宗义看到后赶紧低头躬身立在园中。这两扇门十分华丽，左扇有日月星辰、森罗万象，还有五百罗汉和灵山的释迦尊者；右扇有五湖四海众龙神，每日开门闭门祥瑞不断。后来，连皇帝都想得到这两扇门，为此还引出了几场闹剧。待修造完成后，鲁班忽然消失不见，增加了神秘性。

壹　建筑篇

一、建筑工程准备工作

（一）人家起造伐木

入山伐木法：凡伐木日辰及起工日，切不可犯穿山杀[1]。匠人入山伐木起工，且用看好木头根数[2]，具立平坦处斫伐，不可老草[3]，此用人力以所为也。如或木植到场[4]，不可堆放黄杀方[5]，又不可犯皇帝八座[6]，九天大座[7]，余日皆吉。

伐木吉日：己巳、庚午、辛未、壬申、甲戌、乙亥、戊寅、己卯、壬午、甲申、乙酉、戊子、甲午、乙未、丙申、壬寅、丙午、丁未、戊申、己酉、甲寅、乙卯、己未、庚申、辛酉，定、成、开日吉。又宜明星、黄道、天德、月德。

忌刃砧杀、斧头、龙虎、受死、天贼、日月砧、危日、山隔、九土鬼、正四废、魁罡日、赤口、山痕、红嘴朱雀。

注释

〔1〕穿山杀：入山伐木禁忌之一。古时人们采用干支纪年，在许多术数活动中，均有时间和方位的禁忌。不可犯穿山杀，意指进山采木不要选择与当年太岁对冲的方位。穿山杀的推算方法为：子年在午，丑年在未，以此类推可得对应禁忌冲犯的方位。古人认为，木工起工若犯穿山杀，就是冲犯太岁，会很不吉利，遇到意想不到的凶祸。

〔2〕根数：古代风水中，奇数为阳，偶数为阴，阳为吉，阴为凶，所以，"选好木头根数"应指砍伐的木头根数应该是单数。

〔3〕老草：草率，潦草。

〔4〕如或木植到场：等到被砍伐的树木运送到工地上的时候。　到场：运送到工地上。

〔5〕黄杀方：据李峰《鲁班经》注解所说，或为"黄沙方"，此与火有关，意在提醒人们注意防火。

〔6〕皇帝八座：即"正八座"，分为逐年八座日和四季八座日。

〔7〕九天大座：即"九天朱雀"。在古人的五行观念中，南方属火，如果把木材堆放在这个位置，容易起火。

补说

1.伐木问题

伐木备料是修建房屋的前期准备工作之一，正所谓"兵马未动粮草先行"。挑选木材，首先要注重树木的品种，自古就有"南杉北松"的说法，松木和杉木都是质地坚实、承重能力很好的木材，可以用作房屋中最重要的梁、柱。对于一般人家而言，出于经济的考虑，多会就地取材，附近有什么木材就用什么，这可能是《鲁班经》中没有指明用什么木材的一个原因。唯有家境富足的人家，出于身份或者享乐的目的，会从遥远的地方购买更为优质的木材。其次，树木的生长位置也是需要考虑的，"入山伐木"（图1-3和图1-4）是因为大山距离人们居住的地方较远，树木少受打扰而长得更为粗大，人们在山中更容易找到栋梁之材。再次，树木生长需要光合作用，光照充足地方的木材会更加优良，树干笔直、质地均匀。如果在背光或者斜坡甚至是悬崖峭壁等生长环境复杂的地方，树木多会枝干歪斜，无法作为适合建筑的木材。另外，选择平坦的地方砍伐，可以降低伐木活动的难度和危险系数。

第一，伐木活动的重要地位

在漫长的岁月中，生活在中华大地上的先民最终选择了在"五行"中象征生命、带有阳气的木为主要建筑材料，而冰冷的砖石材料则用来建造代表阴间的墓室。我国的木构建筑独具特色，通过榫卯将不同类型的木材拼合在一起，形成了各式各样的建筑。出于营建居所的需要，伐木选材成了古人生活中一项占有重要地位的活动。

古代诗词对伐木活动多有记载。《诗经·商颂·殷武》记载了商王武丁砍伐森林，修建庙堂的事情："陟彼景山，松柏丸丸。是断是迁，方斫是虔。松桷有梴，旅楹有闲，寝成孔安。"大意是说：登上那高高的景山，松柏长得茂密而修长。于是砍伐，运下山，然后截断、加工。松木方椽是那样的长，成排的楹柱是那样的粗。寝庙落成，一切平安。

第二，伐木的危险

好的木材多出自深山，所以，《鲁班经》中讲的也是"入山伐木"。然而，山中伐木十分危险，古代有"入山一千，出山八百"之说，有的地方更为严重，传言"入山一千，出山五百"。可见伐木活动伤亡之惨烈。这应该是《商颂·殷武》在文末还要加上"寝成孔安"，强调一切平安的原因。

古代技术较为落后，只有斧、锯等工具，没有大型机械的支持。伐木主要依靠的是人力，需要多人协调运作。伐木作为大工程，存在着一定的危险，特别是到山中采伐，多变的地形会给伐木工人带来更大的困难。唐代诗人张籍有诗《樵客吟》："上山采樵选枯树，深处樵多出辛苦。秋来野火烧栎林，枝柯已枯堪采取。斧声坎坎在幽谷，采得齐梢青葛束。日西待伴同下山，竹担弯弯向身曲。共知路傍多虎窟，未出深林不敢歇。村西地暗狐兔行，稚子叫时相应声。采樵客，莫采松与柏。松柏生枝直且坚，与君作屋成家宅。"诗中"采樵客"收集的是作为燃料的木柴，而非用于建造房屋的大型木材。不过，诗文最后劝言"采樵客，莫采松与柏。松柏生枝直且坚，与君作屋成家宅"，点明不要采那些用于建筑的松树和柏树，言外之意，会有寻找建筑材料的伐木工来这里采伐它们。不过，同为入山采伐，所处环境是一样的艰辛，除了要应付复杂的地形，还要提防山中那些凶猛的野兽，"共知路傍多虎窟，未出深林不敢歇"，足见伐木活动之凶险。

《鲁班经》中所说"穿山杀"，应该是人类对山中未知危险的畏惧。伐木活动必然会对山林造成破坏，巨大树干倒地时会使地面有强烈的震感，周围栖息的鸟兽会因惊扰而四处逃窜。在万物有灵的观念中，这就成了人类对山神的冒犯，而伐木过程中出现的伤亡，则被视作山神对人类的惩罚。然而，人们为了建造房屋，只能想办法避免对山神的侵扰，躲过"穿山杀"。

第三，伐木时间的选择

古代的伐木时间，是古人对长期实践经验总结的结果。最初应当是按时令进行，会选择冬季，这样不误农时。伐木需要大量的人力，唯有与农忙时节错开，才能保证农业活动的正常进行。

另外，冬季天气寒冷，昆虫少，可以避免虫蚁滋生，有利于木材保存。冬季树木生长缓慢，很多种类都树叶脱落，仅剩枝干，这样更便于砍伐和运输。《种树书》载："凡斫松树，五更初斫倒，便削去皮，则无白蚁。"元代王祯《农书》中也有类似说法。

随着时代发展，人们对木材有了更深入的认识。不同的木材，适宜采伐的季节也不同。唐代柳宗元《晋问》认为伐"异材"的良好季节是仲冬。到了明代，则更加详细，方以智的《物理小识·用木法》中认为一般木材适合四月、七月采伐。

第四，木材的堆放

古代砍伐的木材不会立即使用，需要放置，晾干，采用火烤、烟熏、阴干等方法使木料干燥。

刚砍伐的树木中带有很多的水分，在使用之前，需要留出足够的时间让树干脱水，使木性变得更加稳定。作为易燃物，木材在晾晒堆放的过程中，需要考虑到防火的问题，《鲁班经》对此作了说明，强调要避开"九天大座"，也就是"九天朱雀"。在传统观念中，朱雀在南方，代表了五行之中的火，所以，古人强调不犯"九天大座"等于是说要防火灾。但所指出的摆放的位置受到季节、空间等因素的影响而具有相对性，并非一成不变。以现代观念来理解，即远离其他易燃物，远离厨房等火源地。

另外，木材堆放需与房基地保持适当的距离，既不能太远也不能太近。太远，在取用木材时，搬运成本较高；太近，可能会占用施工位置，工匠行动受阻，影响正常施工。

第五，对树木的保护

据相关研究，先秦时期我国大部分地区遍布森林，覆盖率应在60%以上，但随着气候的变化以及人类砍伐活动加剧，清代初期的森林覆盖率已经下降到21%左右。

秦始皇在统一六国之后，大兴土木，为了建造阿房宫，从蜀地采伐了大量木材，于是有了人们熟知的"蜀山兀，阿房出"。元朝定都北京后，修建元大都，附近太行山、燕山的森林遭到大规模砍伐，当时有"西山兀，大都出"之说。故宫博物院藏元代《卢沟运筏图》应是对砍伐、运输山林木材的真实写照。伐木工人从大山之中砍伐树木，运到山脚下的河岸边，将多根木材扎成木筏，通过河流把木材运入京城等需要木材的地方。明代仇英的《清明上河图》（图1-6）中有着与《卢沟运筏图》相似的画面。可以看到，在城市郊区的河边，有一家主雇木行，做木材生意，房屋边上堆了很多斜放的木材，左侧河岸边有两个工人正在用绳子往岸上拖拽一根木材。这说明木行的木材是利用河流运输来的，而木材的采伐地则是河流上游的山区等树木茂密的地区。

伐木禁忌，自古有之。但主要关心的问题是对"天"或"自然"的敬重，过度贪婪会受到天神的惩罚。周代以前山归官有，山中林木允许民众砍伐，但有一定的期限，这在客观上起到了防止滥伐的作用。春秋时期，专门看管山林的人称为"山虞"。战国以后，制度废弛，林木破坏严重。

随着社会的发展，特别是到了近代，人口激增，为了开发山地而导致过度砍伐，大片森林被毁。森林资源的减少，生态环境的恶化，导致水土流失，发生水旱灾害，这是天灾，亦是人祸。

总之，伴随着伐木活动的发展，保护树木、禁止采伐的观念也相伴而生，在很多古村落都存在着禁止砍伐的"风水林"，一定程度上起着保护当地水土的作用。

第六，树木际遇的人生隐喻

随着时代的推移，伐木还成了古人感叹自身命运的题材。树木被采伐，或用于建筑，或用来造车造船，这本是它作为木材的现实用途。可在乱世文人的眼中，被采伐的树木更多引发的是其对命运的感慨与思考。如元代诗人杨维桢所作《伐木篇》："伐木入空谷，有木大蔽牛。大厦孰倾栋，一日蒙见收。乃知匠石弃，故非文木俦。土腐不中椁，水沉不中舟。挛不受檃揉，檄不受丹髹。今兹忽邂逅，陶我山之湫。斧斤访薪木，舆挽充吾樵。我闻漆园旨，寿或逃商丘。幸有大不幸，焉知桑柏楸。"诗人尤其在末尾感叹"幸有大不幸，焉知桑柏楸"，类似于《庄子·山木》的思想。《山木》载："庄子行于山中，见大木，枝叶盛茂，伐木者止其旁而不取也。问其故，曰：'无所可用。'庄子曰：'此木以不材得终其天年。'"诗句所表达的恰是对这种思想的企慕。

2.干支纪日

干支纪日是我国长期流传的一种纪日方法，比干支纪月的时间还要早。由于每个月的天数不同，每个月内的干支纪日也就不存在什么规律。干支纪日以60日为一个循环，由十天干和十二地支两部分组成。十天干为：甲、乙、丙、丁、戊、己、庚、辛、壬、癸；十二地支为：子、丑、寅、卯、辰、巳、午、未、申、酉、戌、亥。天干地支按照前后顺序，以单数配单数、双数配双数的方式，共组成60组，具体顺序见下表：

干支纪日次序表

1	2	3	4	5	6	7	8	9	10
甲子	乙丑	丙寅	丁卯	戊辰	己巳	庚午	辛未	壬申	癸酉
11	12	13	14	15	16	17	18	19	20
甲戌	乙亥	丙子	丁丑	戊寅	己卯	庚辰	辛巳	壬午	癸未

（续表）

21	22	23	24	25	26	27	28	29	30
甲申	乙酉	丙戌	丁亥	戊子	己丑	庚寅	辛卯	壬辰	癸巳
31	32	33	34	35	36	37	38	39	40
甲午	乙未	丙申	丁酉	戊戌	己亥	庚子	辛丑	壬寅	癸卯
41	42	43	44	45	46	47	48	49	50
甲辰	乙巳	丙午	丁未	戊申	己酉	庚戌	辛亥	壬子	癸丑
51	52	53	54	55	56	57	58	59	60
甲寅	乙卯	丙辰	丁巳	戊午	己未	庚申	辛酉	壬戌	癸亥

　　在《鲁班经》正文中，出现了很多有关吉日的选择问题。根据一定的推算方法，书中详细列出了每个月中的吉日，运用这种列举的方式，可以使那些不懂计算的普通人也能够轻松择定吉日。当然，从科学角度来看，这种方式存在很多不合理的成分。另外，在择日方面，此书附录的《择日全纪》比正文中给出的吉日更加全面。由此，可以在一定程度上推断，附录的《择日全纪》是对正文相关内容的完善和补充。

图1-3　明万历《王公忠勤录》　采木之图

图1-4 明万历《李孝美墨谱》插图 伐木制墨

图1-5　明万历《王公忠勤录》　运木之图

　　深山中砍伐的木材，因为道路崎岖，在运输方面存在很大问题。于是，古人想出了利用河道水流运送木材的方法。图中众工匠用绳索将几根木材捆扎在一起形成木筏，几个工人站在上面撑筏掌握方向，驾驭木材顺流而下，最终到达河面宽阔的平原地带。

图1-6　明·仇英《清明上河图》局部

（二）修整木料

　　起工[1]架马[2]：凡匠人兴工，须用按祖留下格式，将木马[3]先放在吉方，然后将后步柱[4]安放马上，起看俱用翻锄[5]向内动作。今有晚学木匠则先将栋柱[6]用正，则不按鲁班之法。后步柱先起手者，则先后方且有前，先就低而后高，自下而至上，此为依祖式也。凡造宅用深浅阔狭、高低相等、尺寸合格，方可为之也。

　　起工破木[7]：宜己巳、辛未、甲戌、乙亥、戊寅、己卯、壬午、甲申、乙酉、戊子、庚寅、乙未、己亥、壬寅、癸卯、丙午、戊申、己酉、壬子、乙卯、己未、庚申、辛酉，黄道、天成、月空、天、月二德及合神、开日吉。

　　忌刀砧杀、木马杀、斧头杀、天贼、受死、月破、破败、烛火、鲁般杀、建日、九土鬼、正四废、四离、四绝、大小空亡、荒芜、凶败、灭没日，凶。

注释

　　[1]起工：开工，开始施工。

　　[2]架马：搭建用于支撑木料的木马。

　　[3]木马：用于支撑木料的架子，方便工人对木料进行修整。一般由三根木头组成，两根较短较粗的木材相交成X型，第三根木材较长且细，一端与两根短木材相交在一点，组合成型。

　　[4]后步柱：即房屋后方的檐柱，立于屋檐下方，承托上方重量。一屋落地柱之中尺寸最短的柱子。

　　[5]翻锄：翻动与铲除两种动作相结合的方法。此处代指刮子（图1-7），用于修整木材的工具。

　　[6]栋柱：屋脊正下方的柱子。是一房屋中最长的柱子。

　　[7]破木：原意为劈开木头。此处应是指利用斧、锯、凿等工具，根据建筑需要对木材进行裁切。

补说

  房屋的建造需要多种类型的木材，包括柱、梁、檩、椽等，就柱子而言，由于位置不同，所需要的尺寸也不相同。因此，在搭建房屋之前，工匠们要根据房屋样式，将所要使用的木料全部修整、切割出来。使用的工具包括斧、锯、刮子等。在处理木料前，先将木料放置在木马之上，从而使木材与地面脱离，或是与地面形成一定的角度，既方便工人工作，也避免了地面泥土等物对木材的污染。清代易简本《清明上河图》(图1-8)中有工匠修整木料的场景。图的右侧，一个工匠正在用工具修整两端架在木马上的木料。图的中部偏左，两个男子站在河边谈话，从服装来看，他们应该是工匠的头目(左)和要建造房屋的东家(右)。

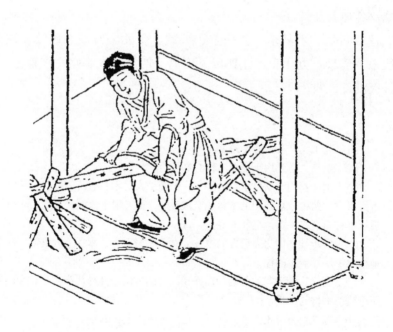

图1-7 《鲁班经》插图局部
工匠正在修整架在两只木马上的木材，图中使用的工具是"刮子"。

图1-8　清易简本《清明上河图》局部　工匠们修整木料的场景

（三）开工注意事项

总论[1]

论新立宅架马法[2]：新立宅舍，作主人眷既已出火[3]避宅[4]，如起工，即就坐上架马，至如竖造吉日，亦可通用。

论净尽[5]拆除旧宅倒堂竖造[6]架马法：凡尽拆除旧宅，倒堂竖造，作主人眷既已出火避宅，如起工架马，与新立宅舍架马法同。

论坐宫修方[7]架马法：凡作主不出火避宅，但就所修之方择吉方上起工架马，吉；或别择吉架马，亦利。

论移宫修方[8]架马法：凡移宫修方，作主人眷不出火避宅，则就所修之方择取吉方上起工架马。如出火避宅，起工架马却不问方道[9]。

论架马活法[10]：凡修作在柱近空屋内，或在一百步之外起寮[11]架马，却不问方道。

注释

〔1〕总论：将各种情况汇总到一起，进行论述。

〔2〕新立宅架马法：在选好的宅基地上建造新房子时，搭建木马开工的方法。

〔3〕出火：即移动神位，将家中供奉的神仙和祖先牌位放到别的地方。

〔4〕避宅：避开宅舍，离开房屋。

〔5〕净尽：完全，全部。

〔6〕倒堂竖造：拆除旧的房屋，然后在原来的地基上建造新的房屋。

〔7〕坐宫修方：指不让家眷和祖宗牌位离开房间而修造房屋的情况。

〔8〕移宫修方：让家中老小和祖宗牌位离开居住的房间而进行修造活动的情况。

〔9〕方道：本意指有关坤、地的道理和法则。宋代宋祁在《宋景文公笔记·杂说》中说："天用其圆，地用其方。圆道主于生，方道主于成。"此处应通指趋吉避凶的方法。

〔10〕活法：灵活的方法。

〔11〕起寮：动工建造房屋。　　寮：小屋，此处指代房屋。

补说

　　修建房屋的地址大致分为两类：一类是选新地盖房，老房不受影响；一类是拆旧房盖新房，利用原有地基。在新地上盖房，房主一家住在老房里，若是两个地方距离远，则不会受到影响，不用搬家也不用移动家中的祖宗牌位。如果修建的房屋在原有房屋的旁边，家眷和神灵牌位虽然不用移出屋子，但也要重新换个位置，其实这里面也有出于安全考虑的成分，施工过程中万一发生危险，砸到正在居住的房屋，房中的人若是正在下方则难免会受伤。另外，建筑工程难免敲敲打打，噪音比较大，既会"惊扰"神灵，也会打扰房主一家休息，所以，将房主家眷和家中牌位移到一个离工程较远的地方，具有很现实的意义。拆旧房盖新房对房主人的影响最大，需要全家人搬家并移动神灵牌位。在当时的社会，讲究以孝道治天下，祖宗的神灵牌位具有重要地位，是履行孝道的一部分，所以，在搬家时自然会十分重视。不过，需要指明的是，古人的这些活动实质指向的都是活人，其中掺杂神灵牌位等内容是为了引起人们的重视，使人们有意识地躲避潜在的危险。

（四）符咒的运用

修造起符便法[1]

起符吉日：其日起造，随事临时，自起符后，一任用工修造，百无所忌。

论修造起符法：凡修造家主行年[2]得运，自宜用名姓昭告符。若家主行年不得运，自而以弟子[3]行年得运，白作造主[4]用名姓昭告符，使大抵师人行符起杀，但用作主[5]一人名姓昭告山头龙神，则定礤扇架[6]、竖柱[7]日，避本命日及对主日[8]。俟[9]修造完备，移香火[10]随符入宅，然后卸符[11]，安镇宅舍[12]。

注释

〔1〕便法：方便的方法。

〔2〕行年：指某人当年所行的运术。

〔3〕弟子：家主的兄弟或儿子。

〔4〕作造主：造作主，进行营造活动的家主。

〔5〕作主：同"造作主"。

〔6〕礤扇架：扇架乃是柱础上方的柱子及连接柱子的横梁组成的扇形结构，柱础与上方的柱子位置一一对应，故在安放柱础时，柱础上方的梁架结构也需同时规划好，确定几根柱子落地。因此，此处的礤扇架，应代指柱础。

〔7〕竖柱：将柱子安放在柱础之上。

〔8〕对主日：跟房屋主人命运相冲的日子。

〔9〕俟：等待，在……之后。

〔10〕香火：代指供奉的祖宗牌位。

〔11〕卸符：卸去符咒。

〔12〕安镇宅舍：将（祖先牌位）安放屋内，为家人镇宅保平安。

补说

房屋，对于一个家庭而言，意义重大，现代人也深有同感。所以在架造房屋之前，除了考虑搬家、移动祖宗牌位，还要利用符咒的力量，进一步确保工程的顺利进行。在当时人的观念中，符咒威力巨大，可以消除一切灾祸。符咒的运用，需要当家人来主持，如果家主不便则由同辈的兄弟或者自己的儿子来主持，这也体现了古代的宗族关系。然后，向附近的山神、龙王等神仙祈祷一番，定下安放柱础、立柱上梁的时间，以期得到他们的保佑。同时，古人有"离地三尺有神灵"的观念，举行仪式也是希望在打扰到他们的情况下得到原谅，这也是古人万物有灵、尊重自然的朴素思想的体现。客观地看，经过一番热闹，确实能将附近的野生动物吓走，让它们迁移到别的地方，从而避免施工过程中对它们造成不必要的伤害。房屋修造完毕，主人就可以带着家眷将祖宗牌位重新安放到室内，灵符也就可以取下。

论东家修作西家起符[1]照方法

凡邻家修方造作，就本家宫中置罗经[2]，格定[3]邻家所修之方。如值年官符、三杀、独火、月家飞宫、州县官符、小儿杀、打头火、大月建、家主身皇定命，就本家屋内前后左右起立符，使依移宫法，坐符使从[4]，权请定祖先、福神，香火暂归空界，将符使照起邻家所修之方，令转而为吉方。俟月节[5]过，视本家住居当初永定方道，无紧杀占，然后安奉祖先、香火福神，所有符使，待岁除[6]方可卸也。

注释

[1]起符：为了趋吉避凶所画的符箓。
[2]罗经：即罗盘。古人用来测定风水方位的工具。
[3]格定：定格，罗盘指针定格在某个方向。
[4]坐符使从：运用符咒使……依从。 坐：同"做"。
[5]月节：即朔日，农历每月初一。
[6]岁除：年终的那一天，即除夕。唐代孟浩然在诗作《岁暮归南山》中有"白发催年老，青阳逼岁除"两句，感叹岁月流逝之快。

补说

处理邻里关系是人们生活的一个方面。建造房屋，必然会对邻居的生活造成一定的影响。在现实生活中，自家修造房屋次数有限，更多的时候担当的是那个被惊扰的邻居的角色，因为邻居一般不止一个。为了尽量减少施工带来的危险和打扰，人们选择利用符咒的力量保护家人平安，同时请家中的祖宗神仙先回到天上，等到邻居家工程结束，再选下个月初一，将祖宗神仙请回家中。在这一活动中，表面上照顾的是祖宗神仙，实则还是为了居住在室内的活人，既然建筑活动会冲撞祖宗神仙，那么工程建设就是一个带有危险性的东西，搞不好对自己也有威害，经过这样一番仪式，家中老小必然会在不知不觉中提高自己的安全意识，在路过工地时提高警惕。

（五）绳墨的运用

画柱绳墨[1]：右吉日宜天、月二德，并三白、九紫值日时大吉。齐柱脚[2]，宜寅、申、巳、亥日。

总论

论画柱绳墨并齐木料[3]，开柱眼[4]，俱以白星为主。盖三白九紫[5]，匠者之大用也。先定日时之白，后取尺寸之白，停停当当[6]，上合天星应昭，祥光覆护，所以住者获福之吉，岂知乎此福于是补出，便右吉日不犯天瘟、天贼、受死、转杀、大小火星、荒芜、伏断等日。

注释

〔1〕画柱绳墨：利用墨斗在柱子上画出直线作为标记，以便对木材进行加工处理，如制作榫、卯等。　绳墨：即墨斗。

〔2〕齐柱脚：将柱脚修理整齐。

〔3〕齐木料：使同种木料具备相同的尺寸。

〔4〕开柱眼：在柱子上定好的位置打眼，以便与其他木材进行组合拼接。

〔5〕三白九紫：此为曲尺上的尺寸。曲尺长一尺，平均分为十份，其中的第一、六、八段为白，即"三白"；第九段为紫，称"九紫"。古人认为长度数值对应在这些尺寸上，会比较吉利。

〔6〕停停当当：妥妥帖帖，妥妥当当。《朱子语类》卷六二载"浑然在中，恐是喜怒哀乐未发，此心至虚，都无偏倚，停停当当，恰在中间"，所指的也是处在合适的位置，不偏不倚。

补说

用绳墨在木材上画线，是为了保证尺寸和位置的精确性。

墨斗是画线工具，通常是一个方形的斗中放有浸过墨的麻线。需要画线时，将麻线起端固定，然后从墨斗中拉出麻线，达到所需长度后，绷紧麻线，一只手提起麻线中部，并迅速放开，伴随着麻线的回弹，墨就弹到了木材上，成为一条直线。《三才图会·器用》（图1-9）中称墨斗为"绳"，这是它最为原始的称呼，图中解释性的文字仅有四个："为直制度"，准确地说出了墨斗的功能。

墨斗具有很长的发展史。春秋战国时代，已经见诸文献记载。《墨子·法仪篇》的"百工五法"中说："百工为方以矩，为圆以规，直以绳，衡以水，正以悬。无巧工不巧工，皆以此五者为法。"另外，不同时代制作墨斗的材料也各具特色，有汉代的石墨斗、宋代的青瓷墨斗和元代的铁墨斗等，木制、竹制等材料的墨斗则较为多见（图1-10）。明清时期，墨斗基本定型。另外，墨笔通常配合墨斗使用，它形状如同一支细小的毛笔，可以蘸墨画线。清代《河工器具图说》（图1-11）中记载的墨笔为竹片制成，下方削出很多薄锯齿，用于蘸墨。墨笔应该是在墨斗弹线不方便的时候使用，或是墨斗弹线不清晰的时候描画补充。

元代李冶在《敬斋古今黈》卷八中说："又闻墨斗谜云：我有一张琴，琴弦藏在腹，莫笑墨如鸦，正尽人间曲。"可以看出，墨斗成了规矩、正直的代名词。因为与人们生活紧密相连，墨斗逐渐成了民俗生活的一部分。明代冯梦龙《明清民歌时调集·挂枝儿·咏部·墨斗》："墨斗儿手段高，能收能放。长便长，短便短，随你商量。来也正，去也正，毫无偏向。（本是个）直苗苗好性子，（休认作）黑漆漆歹心肠。你若有一线儿邪曲也，瞒不得他的谎。"以拟人的方式，把它的特性说得活灵活现。

墨斗在古人的心目中，既是亲切的，也是神圣的。伏羲女娲是华夏文化的始祖，新疆出土的《伏羲女娲图》（图1-12），伏羲手拿矩，女娲手拿规，规和矩分别是用来画圆和方的工具。我国古代讲究"天圆地方"，规和矩正是天地规则的代表，而手持这两件器物的伏羲女娲就是天地规矩的创造者，受到人们的崇敬和景仰。在伏羲所持曲尺上挂着的正是墨斗。

《鲁班经》中有关画墨线的风水观念，具有一定的现实意义，其目的是督促工匠在正确的位置画墨线。画线是锯木材、打眼的基础，画错了位置，若未能及时发现，就会浪费掉整根木材。

图1-9 《三才图会·器用》中的墨斗

图1-10 船型墨斗和三寸金莲墨斗（中国民俗墨斗博物馆藏）

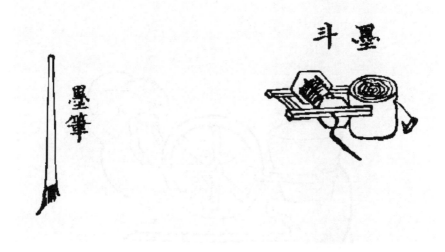

图1-11 清道光《河工器具图说》中的墨斗及墨笔

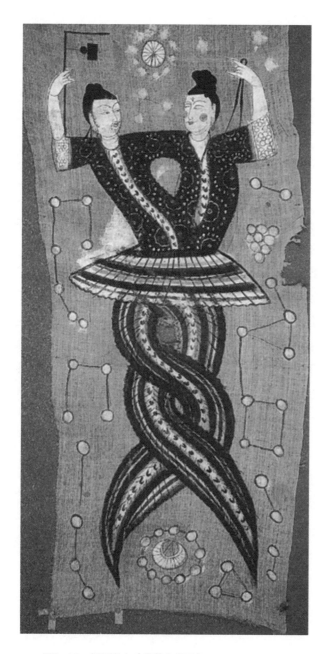

图1-12　新疆出土《伏羲女娲图》

二、工程各个阶段及对应吉日

　　住宅营造，是一个复杂的过程，包含很多阶段。除了前文提到的备料阶段的准备工作，还有下文中要提到的动土平基填基、定磉扇架、竖柱、上梁、拆屋、盖屋、泥屋、开渠、砌地、结砌天井等。这些工程活动都需要选择一定的时间去完成。在古人心目中，时间除了计时功能外，还具备吉凶、悲喜等多种含义，不同的时间所对应的含义也不同。在这种思想的指导下，具体的时间因为对应的含义而被认为适宜做一些事情，却不适宜做另外的事情。这种时间观念也适用于住宅的营造活动。

（一）动土平基、填基

动土平基[1]：填基吉日，甲子、乙丑、丁卯、戊辰、庚午、辛未、己卯、辛巳、甲申、乙未、丁酉、己亥、丙午、丁未、壬子、癸丑、甲寅、乙卯、庚申、辛酉。筑墙[2]宜伏断、闭日吉。补筑墙，宅龙六七月占墙。伏龙六七月占西墙二壁，因雨倾倒，就当日起工便筑，即为无犯。若竢[3]晴后停留三五日，过则须择日，不可轻动。泥饰垣墙[4]，平治道涂[5]，甃砌皆基[6]，宜平日[7]吉。

总论

论动土方：陈希夷[8]《玉钥匙》云：土皇方犯之，令人害疯癞、水蛊。土符所在之方，取土动土犯之，主浮肿水气。又据术者云：土瘟日并方犯之，令人两脚浮肿。天贼日起手动土，犯之招盗。

论取土动土，坐宫修造不出避火，宅须忌年家、月家杀杀方。

注释

〔1〕动土平基：修整土地，使地基变平整。
〔2〕筑墙：建造墙壁。
〔3〕竢：同"俟"，等待。
〔4〕泥饰垣墙：用细泥粉刷墙壁，使墙壁变得平整美观，且有更好的防水性。
〔5〕平治道涂：平整道路。 涂：通"途"，道路。
〔6〕甃砌皆基：以砖、石等材料砌台阶和地面。 皆：通"阶"，台阶。
〔7〕平日：寓意平整的日子。古人观念中，时间带有吉凶、悲喜等多种意义，不同的时间所代表的意义不尽相同，其中也有日寓意平整。粉刷墙壁、平整道路、砌地等活动就是为了平整，所以选择寓意平整的日期开展这些活动，会有助于人们达到取平的效果。
〔8〕陈希夷：陈抟（871—989），生活在唐末至北宋初期，著名的道家学者、养生家，享年118岁，在被宋太宗赵光义第二次召见时赐号"希夷先生"。

补说

　　为了防潮、防水，地基一般都会建成高台。因此，需要从别的地方取土。虽然古代没有那么多化学污染，土壤比较安全，但土质依然会影响房屋的质量，若是带有未完全腐烂的杂物，一则可能带有病菌，二则土质会比一般的土壤稀松，时间久了可能会出现地基塌陷、开裂等问题。因此，需要选择没有杂质、具有较强黏性的土壤。在古人的观念中，存在把房屋比作人的思想，地基如人脚，地基出问题则对应着人脚生病。这样做，正是告诉人们要选择质量良好的土壤，将地基夯实弄平。

　　夯作为工具，一般由杂木制成，因需求而大小不同，小的一人使用，大的则需要多人共同协作，通过将夯高举再落下，反复击打地面，使土壤变得紧实，而有规律地击打不同位置，则在一定程度上保证了地面的平整。在工匠们合作打夯的过程中还出现了打夯歌，富有节奏感，能为人们提气。

（二）定磉扇架

定磉^[1]扇架^[2]：宜甲子、乙丑、丙寅、戊辰、己巳、庚午、辛未、甲戌、乙亥、戊寅、己卯、辛巳、壬午、癸未、甲申、丁亥、戊子、己丑、庚寅、癸巳、乙未、丁酉、戊戌、己亥、庚子、壬寅、癸卯、丙午、戊申、己酉、壬子、癸丑、甲寅、乙卯、丙辰、丁巳、己未、庚申、辛酉。又宜天德、月德、黄道，并诸吉神值日，亦可通用。忌正四废、天贼、建、破日。

注释

〔1〕磉：柱础，一般为石质，形状如鼓，有防潮的作用。其上安放柱子，承托屋顶的重量。

〔2〕扇架：应指一榀梁架结构，由柱子和横梁组成。最下方的柱子与柱础直接接触，在数量和位置上一一对应。所以，柱础的数量、位置与扇架的形制是需要同时确定的。

补说

柱础，是我国传统建筑中的重要构成部分。柱础的直径一般都会大于承托木柱的直径，从而减小房顶传导至地面的压强，降低地面下沉、开裂等的可能性。木柱除了易被火烧坏，也会因水汽的侵袭而朽烂。柱础多为石质（图1-13），具有隔水性，立于其上方的木柱，因不与地面接触，便在很大程度上隔绝了来自地下的湿气。中国幅员辽阔，由北向南降水量逐渐增大，柱础也随之逐渐增高。此外，柱础外围一般刻有动物、植物等纹饰，具有一定的艺术价值。

宋代李诫所著《营造法式》卷三《石作制度》中有《柱础》一节，记录了柱础的不同称呼："其名有六：一曰础，二曰礩，三曰碣，四曰磌，五曰碱，六曰磉，今谓之'石碇'。"还对柱础的形制（图1-14）做了说明："其方倍柱之径，谓柱径二尺，即础方四尺之类。方一尺四寸以下者，每方一尺，厚八寸；方三尺以上者，厚减方之半；方四尺以上者，以厚三尺为率。若造覆盆，铺地莲华同。每方一尺，覆盆高一寸；每覆盆高一寸，盆唇厚一分。

如仰覆莲华，其高加覆盆一倍。如素平及覆盆用减地平钑（音同"萨"）、压地隐起华、剔地起突；亦有施减地平钑及压地隐起于莲华瓣上者，谓之'宝装莲华'。"

柱础在摆放到地基上之前，需要做的一项重要工作就是校平。校平能够保证柱础在地面上的高度一致，这也被称作"平磉"。在一些地方的习俗中，在柱础安放完成后，东家还会向工匠发放喜钱。《吴县民间习俗》中还载有当地工匠平磉时所唱的歌诀：

甲：手拿磉石方又方，恭喜房主砌新房。磉石做得圆整整，新造房子排成排。

乙：今日磉石来定安，四十入节保平安。自我做来听我言，房主富贵万万年。

甲：一块磉石方又方，玉石墩子配成双。开工安磉康乐地，竖柱上梁都吉利。

乙：喜福降临房主门，砌墙粉刷保太平。平磉正逢三星照，五福临门万代兴。

图1-13　神道柱柱础

姚迁、古兵编著，郭群影摄:《六朝艺术》，北京: 文物出版社，1981年，第140页。

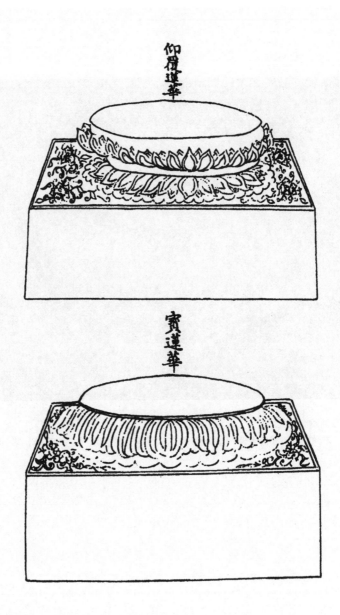

图1-14 宋·李诫《营造法式》中的柱础

（三）竖柱吉日

竖柱[1]吉日：宜己巳、辛丑、甲寅、乙亥、乙酉、己酉、壬子、乙巳、己未、庚申、戊子、乙未、己亥、己卯、甲申、己丑、庚寅、癸卯、戊申、壬戌、丙寅、辛巳。又宜寅、申、巳、亥为四柱日，黄道、天月二德诸吉星，成、开日吉。

注释

〔1〕竖柱：将柱子立在柱础之上。

补说

柱子，在整个房屋中起支撑作用，古人常说"墙倒屋不塌"，正是因为房屋的重量都由柱子承托，而墙壁只起到围合、隔音、保温等作用，不需要承重。古人住宅基本都采用木材作为材料，搭建房屋架构。柱子多顺应木材本身形态而为圆柱，也有一些稍加变化，成为中间粗两头变细的梭柱（图1-15），还有方形、多边形的。在一些大型建筑中，屋顶重量变大，需要选用的柱子必须粗大，在无法得到足够粗大的木材的情况下，古代工匠发明了"合柱"的方法，将比较小的木柱通过榫卯牢固地拼接在一起。宋代《营造法式》便记载了这种方法，以图示的方式展示了两柱拼合、三柱拼合的方法（图1-16与图1-17）。

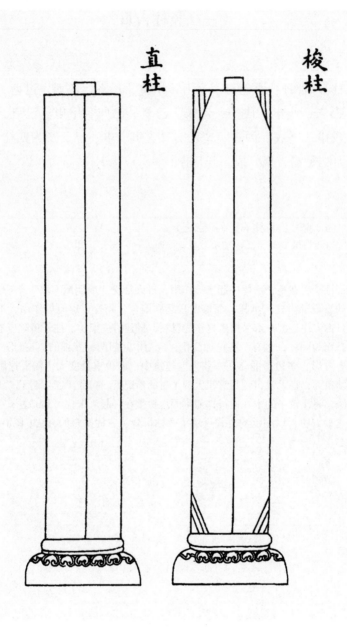

图1-15 宋·李诫《营造法式》中的柱子

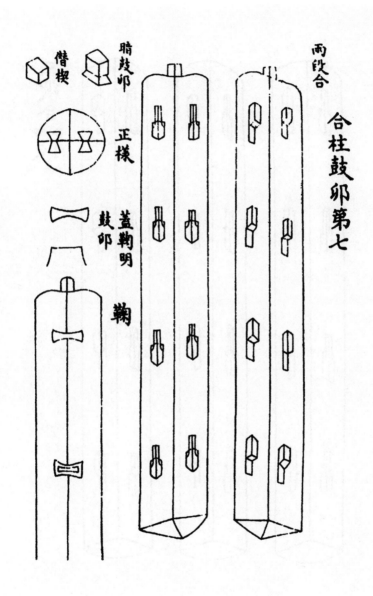

图1-16　宋·李诫《营造法式》中的合柱

图中标明了榫卯结构、形状，以及使用的位置，可以较容易地让人理解合柱的做法。

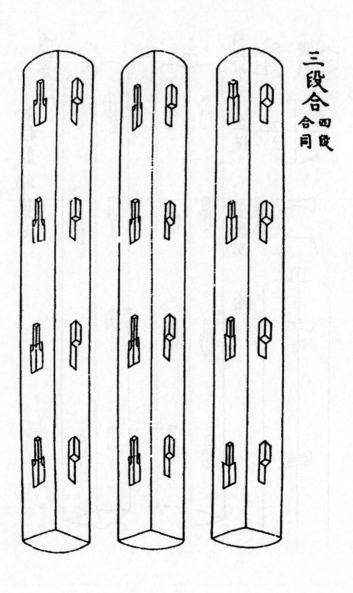

图1-17 宋·李诫《营造法式》中三段木的合柱

（四）上梁吉日

上梁[1]吉日：宜甲子、乙丑、丁卯、戊辰、己巳、庚午、辛未、壬申、甲戌、丙子、戊寅、庚辰、壬午、甲申、丙戌、戊子、庚寅、甲午、丙申、丁酉、戊戌、己亥、庚子、辛丑、壬寅、癸卯、乙巳、丁未、己酉、辛亥、癸丑、乙卯、丁巳、己未、辛酉、癸亥，黄道、天月二德诸吉星，成、开日吉。

注释

〔1〕上梁：上梁在房屋建造过程中占有十分重要的地位，人们会举行一定的仪式以显隆重，详见后文。

（五）拆屋吉日

拆屋吉日：宜甲子、乙丑、丙寅、戊辰、己巳、辛未、癸酉、甲戌、丁丑、戊寅、己卯、癸未、甲申、壬辰、癸巳、甲午、乙未、己亥、辛丑、癸卯、己酉、庚戌、辛亥、丙辰、丁巳、庚申、辛酉，除日吉。

补说

一般情况下，需要拆除的是旧屋，然后再在这块地基上建造新的住宅。这一活动是针对"拆旧立新"的情况而言的。前文"开工注意事项"中也提到了这种情况，二者相互补充。

（六）盖屋吉日

盖屋[1]吉日：宜甲子、丁卯、戊辰、己巳、辛未、壬申、癸酉、丙子、丁丑、己卯、庚辰、癸未、甲申、乙酉、丙戌、戊子、庚寅、丁酉、癸巳、乙未、己亥、辛丑、壬寅、癸卯、甲辰、乙巳、戊申、己酉、庚戌、辛亥、癸丑、乙卯、丙辰、庚申、辛酉，定、成、开日吉。

注释

〔1〕盖屋：建造房子的屋顶，包括在梁上架椽、铺瓦等活动。

补说

此处所说的"盖屋"应当与现代观念中"盖房"的含义相区别，"盖屋"是房屋建造过程中的一个步骤，而现代语中的"盖房"是指建造房屋的整个过程。在明代仇英的《清明上河图》中，生动地描绘了"盖屋"这一情节（图1-18）。在画面右上角，是一间刚刚搭好梁架的房屋，檩条上已经均匀地布好了椽木。左侧的房屋进度较快，可以看到，椽木上覆盖了可能是由芦苇编织而成的席子，一个工匠正趴在上面摆放瓦片，或许瓦片之间还需要泥浆进行加固。屋檐处站在梯子上的工匠，正从下方工匠手中接过瓦片，转递给屋顶上的匠人。通过这一画面，已经可以大略知道"盖屋"的基本过程。

图1-18　明·仇英《清明上河图》局部　上梁布瓦

（七）泥屋吉日

泥屋[1]吉日：宜甲子、乙丑、己巳、甲戌、丁丑、庚辰、辛巳、乙酉、辛亥、庚寅、辛卯、壬辰、癸巳、甲午、乙未、丙午、戊申、庚戌、辛亥、丙辰、丁巳、戊午、庚申，平、成日吉。

注释

〔1〕泥屋：粉刷屋子的墙壁，起到防潮和美化作用。古代因条件受限，一般使用泥巴、石灰等传统材料。

补说

古代房屋墙壁由土坯、青砖等垒砌而成，在墙壁外用泥浆进行粉刷，可以起到防潮、防风以及美观等方面的作用。特别是那些由土坯垒成的墙壁，中间会有很多缝隙，密闭性差，若不加保护，在风雨侵蚀之下容易毁坏坍塌。用泥浆在外侧粉刷后，可以极大地改善这种状况。当然，这里所说的泥浆并非只是加水搅拌的泥土，而是精心挑选的混合材料。宋李诚《营造法式》卷十三有《用泥》篇，可以看到"泥"的成分除了土之外还有石灰等物，混合方式有合红灰、合黄灰、合破灰，泥分为细泥、粗泥、粗细泥。为了起到更加坚固的效果，还有一种在泥中加入麻的方法。麻作为具有韧性的纤维材料，犹如水泥中的钢筋（功能相似，强度不如钢筋），可以使泥连为一体。除了麻，能够起到类似作用的还有麦秸、竹丝等。可以想象，在凹凸不平的土坯墙上，先用粗泥找平，然后再用细泥粉刷，又因为泥中掺杂了麻、竹丝、石灰等，整个墙面如同一面巨大的盾牌，坚固、平整，因为外层是细泥，密度大，密闭性强，渗水性会变差，可以较好地保护内部的墙体不受潮。

清院本《清明上河图》在刻画人物活动的同时，也不惜笔墨地勾画了很多房屋建筑，我们甚至可以看清它们的梁柱结构。作为起到围挡、分隔等作用的墙壁，可以清晰地看到泥饰的效果（图1-19）。

图1-19 清院本《清明上河图》局部
画面中，房屋墙壁经过了粉刷，但年深日久，部分墙皮已经脱落。

（八）开渠吉日

开渠[1]吉日：宜甲子、乙丑、辛未、己卯、庚辰、丙戌、戊申，开、平日吉。

注释

〔1〕开渠：修建水渠，指宅院的排水设施。

（九）砌地吉日

砌地^[1]吉日：与修造动土同看。

注释

〔1〕砌地：修整地面，也称甃地。

补说

修整地面，与房屋居住者息息相关。根据不同的喜好，地面有多种整修方式，包括青砖、木板、土、三合土等。对于这几种方式的优劣，清代李渔在《闲情偶寄》第四卷《甃地》中给出了答案。他分别对四种甃地方式加以评说：

> 古人茅茨土阶，虽崇俭朴，亦以法制未尽备也。惟幕天者可以席地，梁栋既设，即有阶除，与戴冠者不可跣足，同一理也。且土不覆砖，尝苦其湿，又易生尘。有用板作地者，又病其步履有声，喧而不寂。以三和土甃地，筑之极坚，使完好如石，最为丰俭得宜。而又有不便于人者：若和灰和土不用盐卤，则燥而易裂；用之发潮，又不利于天阴。且砖可挪移，而甃成之土不可挪移，日后改迁，遂成弃物，是又不宜用也。不若仍用砖铺，止在磨与不磨之间，别其丰俭，有力者磨之使光，无力者听其自糙。
>
> 予谓极糙之砖，犹愈于极光之土。但能自运机杼，使小者间大，方者合圆，别成文理，或作冰裂，或肖龟纹，收牛溲马渤入药笼，用之得宜，其价值反在参苓之上。此种调度，言之易而行之甚难，仅存其说而已。

土地面，在雨天容易变潮，干燥的天气容易生尘土；使用木地板，走路会有噪音；若用三合土，优点是坚固，可以像石头一样硬，是富人、穷人都很适宜的方式。但是，三合土的缺点也很明显，如果合灰里不放盐卤，地面容易开裂；用了盐卤，阴雨天地面又容易潮。另外，三合土不能重复利用，搬迁的时候不能带走，只能成为废弃之物。相比之下，砖是最好的选择，可以重复使用。贫富之家也都能用，不同之处在于是否磨制、拼接出花纹。

早在宋代，李诫的《营造法式》中就已经记录了用砖铺地的方法，且室内与室外分别作了说明。在南宋临安府遗址中，出土了带有宝相花纹样的地砖，

铺设规整，砖与砖之间缝隙细小，足见当时匠人技术之精巧。元代王振鹏所绘
《姨母育佛图》中，地面使用了宝相纹地砖（图1-20），更显佛堂华丽。《营造
法式》卷十五《砖作制度》中便有《铺地面》一节："铺地殿堂等地面砖之制：
用方砖，先以两砖面相合，磨令平；次斫四边，以曲尺较令方正，其四侧斫令
下棱收入一分。殿堂等地面，每柱心内方一丈者，令当心高二分；方三丈者高
三分。如厅堂、廊舍等，亦可以两椽为计。柱外阶广五尺以下，每一尺令自柱
心起至阶龈垂二分，广六尺以上者垂三分。其阶龈压阑，用石或亦用砖。其阶
外散水，量檐上滴水远近铺砌；向外侧砖砌线道二周。"

地砖的纹样很多，一般家庭多选择素面无纹，至多在砖的摆布方式上下
些功夫。帝王权贵则会采用花纹地砖，甚至表面还会加一层彩色的琉璃。宋代
洪迈《夷坚乙志》卷五《司命真君》中有："度行三四里，所过金碧辉映，甃
地皆琉璃。"从现存的古代戏曲版画中，可以发现古代地砖纹样多种多样，常
见的有宝莲花纹（图1-21）、万字纹（图1-22）、铜钱纹（图1-23）、海棠
纹（图1-24）等。明代初期崇尚节俭，宫殿甃地不采用有花纹的铺砖，《明
史·舆服志》中说："明初俭德开基，宫殿落成，不用文（同纹，花纹）石甃
地。"这也从一个角度反映出当时使用花纹地砖甃地是较为奢侈的行为。

图1-20　元·王振鹏《姨母育佛图》局部　宝相纹地砖

图1-21　明《玉杵记》插图　宝莲花纹地砖

图1-22　明万历《彩舟记》插图　万字纹地砖

图1-23　明《环翠堂义烈记》插图　铜钱纹地砖

图1-24　明万历《琵琶记》插图　海棠纹地砖

（十）结砌天井[1]吉日

诗曰：

结修天井砌阶基[2]，须识水中放水圭[3]。

格[4]向天干埋梠口[5]，忌中顺逆小儿嬉。

雷霆大杀土皇废，土忌瘟符受死离。

天贼瘟囊芳地破，土公土水隔痕随。

右宜以罗经放天井中，间针定取方位，放水[6]天干上，切忌大小灭没、雷霆大杀、土皇杀方。忌土忌、土瘟、土符、受死、正四废、天贼、天瘟、地囊、荒芜、地破、土公箭、土痕、水痕、水隔。

论逐月觊地[7]结[8]天井砌阶基吉日

正月：甲子、壬午、戊子、庚子、乙丑、己卯、丙午、丙子、丁卯。

二月：乙丑、庚寅、戊寅、甲寅、辛未、丁未、己未、甲申、戊申。

三月：己巳、己卯、戊子、庚子、癸酉、丁酉、丙子、壬子。

四月：甲子、戊子、庚子、甲戌、乙丑、丙子。

五月：乙亥、己亥、辛亥、庚寅、甲寅、乙丑、辛未、戊寅。

六月：乙亥、己亥、戊寅、甲寅、辛卯、乙卯、己卯、甲申、戊申、庚申、辛亥、丙寅。

七月：戊子、庚子、庚午、丙午、辛未、丁未、己未、壬辰、丙子、壬子。

八月：戊寅、庚寅、乙丑、丙寅、丙辰、甲戌、庚戌。

九月：己卯、辛卯、庚午、丙午、癸卯。

十月：甲子、戊子、癸酉、辛酉、庚午、甲戌、壬午。

十一月：己未、甲戌、戊申、壬辰、庚申、丙辰、乙亥、己亥、辛亥。

十二月：戊寅、庚寅、甲寅、甲申、戊申、丙寅、庚申。

注释

〔1〕天井：宅院当中由房子与房子或房子与围墙所围成的较小的露天空地。

〔2〕阶基：台阶。

〔3〕水圭：古代有"土圭水臬"之说，二者皆为测量工具，土圭用来测日影，与地面垂直；水臬用来测量水平，与水面平行。故此处"水圭"所指应为"水臬"，用来测量天井中地面水平。

〔4〕格：格定，确定位置。

〔5〕楷口：从下段"放水天干上"句，可推测应为出水口。

〔6〕放水：排水，即排水口的位置。

〔7〕甃地：用砖、石等材料砌地。

〔8〕结：聚，合，构建。

三、起造立木上梁式

凡造作[1]立木上梁[2]，候[3]吉日良时，可立一香案于中亭[4]，设安[5]普庵仙师[6]香火，备列五色钱、香花、灯烛、三牲、果酒供养之仪[7]，匠师拜请三界地主、五方宅神、鲁班三郎[8]、十极高真。其匠人秤[9]丈竿[10]、墨斗、曲尺，繁[11]放香桌[12]米桶上，并巡官罗金[13]安顿[14]，照官符、三煞凶神、打退神杀，居住者永远吉昌也。

注释

〔1〕造作：营造活动。

〔2〕立木上梁：将木柱立起来，用横梁连接在一起，组建房屋的梁架结构。在这一活动中，最受古人重视的是安放房屋最顶端那根梁，这根梁是完成房屋架构的最后一步，故人们常在此时举办隆重的上梁仪式。

〔3〕候：等候，等待。

〔4〕中亭：即中庭，厅堂的正中间。 亭：通"庭"。

〔5〕设安：设置安放。

〔6〕普庵仙师：即普庵禅师，是南宋年间的一位得道高僧，创《普庵咒》流传于世，据传念诵此咒可消灾解难，认为是"用最愉悦、慈悲的方法驱离虫、鼠、蚊、蚁；用最简单、轻松的方式避开凶邪、冤结、恶煞"。民间还有很多普庵禅师消灾解难、度化世人的故事。

〔7〕仪：礼物，用于供奉的物品。

〔8〕鲁班三郎：即鲁班。

〔9〕秤：通"持"，拿。

〔10〕丈竿：也称"丈杆"，是古代建筑工匠建造房屋时设计施工的工具。其形制和使用方法，不同地区有一定差别。苏北地区有一些较长的丈杆，长度在五六尺，木工师傅出门时可以将斧、刨子、尺、墨斗等工具挂在锯上，然后将锯挂在肩头扛着的丈杆之上。

〔11〕繫(jì)："繫"的讹字，基本意思是约束。

〔12〕香桌：在祈福祭拜活动中用于摆放香炉、祭品等物品的桌子。

〔13〕巡官罗金：即大罗金仙，在道教中地位最高，超脱生死，可在天地间随意遨游。

〔14〕安顿：使人或事物有着落，安排妥当。

请设三界地主鲁班仙师祝上梁文

伏〔1〕以日吉时良，天地开张，金炉之上，五炷明香，虔诚拜请今年、今月、今日、今时直符使者〔2〕，伏望光临，有事恳请。今据某省、某府、某县、某乡、某里、某社奉道信官〖士〗〔3〕，凭术士选到今年某月某日吉时吉方，大利架造厅堂，不敢自专，仰仗直符使者，赍〔4〕持香信，拜请三界四府高真、十方贤圣、诸天星斗、十二宫神、五方地主明师，虚空过往，福德〔5〕灵聪，住居香火道释，众真门官，井灶司命六神，鲁班真仙公输子匠人，带来先传后教祖本先师，望赐降临，伏望诸圣，跨鹤骖鸾，暂别宫殿之内，登车拨马，来临场屋之中，既沐降临，酒当三奠〔6〕，奠酒诗曰：

初奠才斟，圣道降临。已享已祀，鼓鼓〔7〕鼓琴。布福乾坤之大，受恩江海之深。仰凭圣道，普降凡情。酒当二奠，人神喜乐。大布恩光，享来禄爵。二奠杯觞〔8〕，永灭灾殃。百福降祥，万寿无疆。酒当三奠，自此门庭常帖泰，从兹男女永安康，仰冀〔9〕圣贤流恩泽，广置田产降福降祥。上来三奠已毕，七献云周〔10〕，不敢过〔11〕献。

伏愿信官〖士〗某，自创造上梁之后，家门浩浩，活计昌昌，千斯仓而万斯箱，一曰富而二曰寿，公私两利，门庭光显，宅舍兴隆，火盗双消，诸事吉庆，四时〔12〕不遇水雷迍〔13〕，八节〔14〕常蒙地天泰〔15〕

〖如或临产临盆有庆，坐草无危，愿生智慧之男，聪明富贵起家之子，云云〗。凶藏煞没，各无干犯之方，神喜人欢，大布祯祥之兆。凡在四时，克臻万善。次冀匠人兴工造作，拈刀弄斧，自然目朗心开，负重拈轻，莫不脚轻手快，仰赖神通，特垂庇佑，不敢久留圣驾，钱财奉送，来时当献下车酒，去后当酬上马杯[16]，诸圣各归宫阙。再有所请，望赐降临钱财〖匠人出煞，云云〗。

天开地辟，日吉时良，黄帝子孙，起造高堂〖或造庙宇、庵堂、寺观则云：仙师架造，先合阴阳〗。凶神退位，恶煞潜藏，此间建立，永远吉昌。伏愿荣迁之后，龙归宝穴[17]，凤徙梧巢[18]，茂荫儿孙，增崇[19]产业者。

诗曰：

　　一声槌响透天门，万圣千贤左右分。

　　天煞打归天上去，地煞潜归地里藏。

　　大厦千间生富贵，全家百行益儿孙。

　　金槌敲处诸神护，恶煞凶神急速奔。

注释

〔1〕伏：匍匐，趴着，脸向下，身体前屈，以示对神灵的恭敬。

〔2〕直符使者：今年今月今日今时当值的神。

〔3〕信官〖士〗：信奉某位神灵的官员或士（应指无功名的读书人和普通百姓）。　信：信徒。此"〖 〗"中的文字内容，当是可以根据家主具体情况进行更换的内容，下文中的几处内容也是如此。

〔4〕赍（jī）：怀着。

〔5〕福德：指福德正神，即土地爷。

〔6〕奠：祭祀时的一种仪式，把酒洒在地上。

〔7〕或为"瑟"之误。

〔8〕觞：酒杯。

〔9〕冀：希望。

〔10〕七献云周：献祭香、花、灯、水、茶、果、食这七样东西就可以说很完备了。　云：说。　周：完备，全面。

〔11〕过：超过，过量。

〔12〕四时：指春、夏、秋、冬四季。

〔13〕水雷迍：即"水雷屯"，表示举步维艰，很不吉利。屯卦是《易经》六十四卦中的第三卦，为下下卦。

〔14〕八节：一年中的八个节气，立春、春分、立夏、夏至、立秋、秋分、立冬、冬至。

〔15〕地天泰：天地万物安定美好。　泰：泰卦，乾下坤上，坤为地，乾为天。唐代吕岩所作《三字诀》中有：地天泰，为朕兆。

〔16〕上马杯：当与上句"下车酒"意思相同，皆指献给神灵出行享用的酒食。

〔17〕龙归宝穴：传说中龙以洞穴为居住场所。

〔18〕凤徙梧巢：中国传统文化中凤凰以梧桐树为栖息之所。有龙凤栖息的地方都是风水宝地，能够保佑在这一地方生活的人。

〔19〕增崇：增高，扩大。　崇：高。

补说

　　上梁，即安放屋顶中间的脊檩，是一项具有重要仪式性的活动。脊檩位于房屋顶部，从实用功能的角度看，位于最上方的脊檩并不需要担负太多的重量，不会比承受重量的柱子重要，但因为"上梁"是屋架结构完成的最后一步，预示着工程的完成，且其处在房屋最高的位置，故这一活动被赋予更多的象征性，让人在心理上觉得十分重要。

　　不同地区的上梁仪式存在一定差别，但基本都认为这是一项重要活动。上梁，首先需要挑选好木材，有的地方讲究在上梁活动的前夜砍伐梁木，且木材不能沾到地面，不能接触污秽之物，要安放在木马架上，由工匠师傅根据尺寸处理，可能还需要工匠在修整木材的过程中口中念念有词，对家主进行夸赞。

　　在上梁之前，还要进行祭梁活动，正如《鲁班经》中所言，要在选定的吉日良时，摆设香案，拜祭各路神仙，祈求家主能够永远吉祥昌盛。工匠作为重要参与者，还要进行祷告仪式，根据家主的具体情况，念诵上梁词，向各界神灵敬酒。之后，还要在梁上写上"上梁喜逢黄道日，竖柱正遇紫微星"等吉祥话语。

　　祭梁结束之后，工匠们齐心协力"吊梁"，把梁木用绳索提到屋顶，进行"安梁"活动。安梁一般会使用大木槌，敲打柱上的榫头。此处的八句诗很可能就是工匠挥动木槌安梁时口中所念的吉祥话。

　　安梁活动结束，表示房屋的架构已经完成，人们会举行一些热闹的活动表示庆贺。如工匠在房顶向下抛撒事先准备好的馒头、钱币、红枣、花生等寓意美好的物品，下方则会有家主及其亲眷抢这些吉祥物品。

待到活动结束，家主还要宴请亲朋以及施工的工匠师傅们，表示感谢。有的地方还会给红包、礼品等。

四、建筑的设计规划

（一）房屋间数

造屋间[1]数吉凶例

一间凶，二间自如[2]，三间吉，四间凶，五间吉，六间凶，七间吉，八间凶，九间吉。

歌曰：五间厅[3]，三间堂[4]，创后三年必招殃[5]。始五间厅、三间堂，三年内杀五人[6]，七年庄败，凶。四间厅、三间堂，二年内杀四人，三年内杀七人。来二间无子，五间绝。三架[7]厅、七架[8]堂，凶。七架厅，吉，三间厅、三间堂，吉。

注释

〔1〕间：古代为木架构房屋，单体建筑正面称为面宽，正面两根相邻柱子与背面对应的两根柱子围成的矩形为一间。从中间到两侧，房屋可以分为明间、次间、梢间、尽间等。

〔2〕自如：自若，一种较为舒适的状态。

〔3〕厅：原本是官府办公的地方，有"聚以听事也"的意思。后来逐渐成为聚会、见客、行礼的场所。自明代起，厅与堂已经基本混用，不再注重区分。

〔4〕堂：正房，高大的房子。

〔5〕招殃：招引灾患。

〔6〕杀五人：五人被杀，即家中五个人意外死亡。

〔7〕三架：屋顶使用三排檩条的房子。

〔8〕七架：屋顶使用七排檩条的房子。

补说

　　《明史·舆服志》明确了百官宅第的规格，曾规定："公侯，前厅七间、两厦，九架。中堂七间，九架。后堂七间，七架。门三间，五架，用金漆及兽面锡环。家庙三间，五架。覆以黑板瓦，脊用花样瓦兽，梁、栋、斗拱、檐角彩绘饰。门窗、枋柱金漆饰。廊、庑、庖、库从屋，不得过五间、七架。"可以看出，明代允许公侯居住的宅院，应该是一个三进式的院落，由前厅、中堂、后堂三部分组成，虽然都是七间（房屋面宽相同），但因为架数的区别，造成房屋进深的不同，作为私密性最强的后堂，是三座房屋中最小的。另外，再配上廊、庑、庖、库等从属建筑，基本呈现出了整个宅院的面貌。尽管这是官方规定的公侯住宅规格，但随着社会经济的发展，一些平民开始打破规矩，建造起了这种类型的宅院，甚至在规模上有过之而无不及。因此，公侯住宅的形制在一定程度上可以当作明代民间住宅的参考。

　　对于普通百姓的住宅，要求更加严格，《明史·舆服志》中说"洪武二十六年定制，不过三间、五架，不许用斗拱、饰色彩"。然而，出于各种原因，总是有人打破这一规定，建造大型的房屋。所以，朝廷不得不重申相关规定："三十五年复申禁饬，不许造九五间数，房屋虽至一二十所，随基物力，但不许过三间。"不过，随着经济的进一步发展，朝廷最终也只能做出让步，允许百姓建造更大的房屋，"正统十二年令稍变通之，庶民房屋架多而间少者，不在禁限"。

　　通过明代官方对房屋住宅的规定，可以看出古人对房屋规模大小的判定方式主要包括两点：一是"间"，间数确定房屋面阔的大小；二是"架"，架数确定房屋的进深。在明确房屋"间"和"架"的情况下，就可以大致了解建筑的规模。在《新编鲁般营造正式》中，正七架地盘（图1-25）和七架之格（图1-26）两幅插图分别说明房屋的间数为三间，架数为七架，将"架"按照间数用檩条连接在一起，就构成了房子的骨架，意味着房屋建设的主要工作已经完成，剩余的只是补充性工作。这也是人们会将"上梁仪式"看得如此重要的原因。

　　房屋间数是建造房屋之前必须考虑的问题，古人通过长时间的总结，认为单数吉利，双数房间则会带来祸患。三五七九作为单数，为吉；四六八作为双数，为凶。一与二作为两个特殊的数字，含义有所不同。文中说"一间凶，二间自如"，因一为孤阳，所以不吉；二象征着阴阳两仪，阴阳相对而生，故为吉。在间数与架数的选择方面，《鲁班经》以歌诀的方式进行了总结，但是整体上显得很凌乱。结合《明史·舆服志》中的相关规定，似乎《鲁班经》此处歌诀是对官方规定的迎合。官方规定庶民房屋"不过三间、五架"，后来要求放宽，"庶民房屋架多而间少者，不在禁限"，虽然间数不能增加，但架数则不再受严格限制，所以《鲁班经》中总结说"七架厅，吉，三间厅、三间堂，吉"。

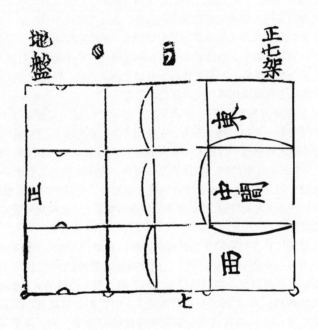

图1-25　天一阁本《新编鲁般营造正式》插图　正七架地盘

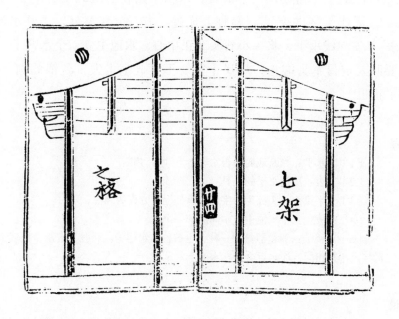

图1-26　天一阁本《新编鲁般营造正式》插图　七架之格

（二）断水平〔1〕法

庄子云："夜静水平。"俗云，水从平则止。造此法，中立一方表〔2〕，下作十字拱头〔3〕，蹄脚上横过一方，分作三分，中开水池，中表〔4〕安二线垂下，将一小石头坠正中心，水池中立三个水鸭子〔5〕，实要匠人定得木头端正，压尺十字，不可分毫走失，若依此例，无不平正也。

注释

〔1〕断水平：判断地面是否水平。　断：判断。
〔2〕方表：测量水平的工具。
〔3〕十字拱头：头部为十字形，承托上方方表的竖柱。
〔4〕中表：三个水池中，中间的那一个。
〔5〕水鸭子：测量器具的一种，也被称作水桴子。一般为木制，且三个的形状大小都相同，注水后会浮在水面上。

补说

测量水平是营造活动的基础性工作，在宋代《营造法式》中就已经记录了用于测量的工具水平真尺（图1-27），至于仪器的使用方式，则在明代《三才图会》器用卷（图1-28）中有较为详细的说明：

> 水平者，槽长二尺四寸，两头及中间凿为三池，池横阔一寸八分，纵阔一寸三分，深一寸二分，池间相去一尺五寸，间有通水渠，阔二分，深一寸三分。三池各置浮木，木阔狭微小于池箱，厚三分，上建立齿，高八分，阔一寸七分，厚一分，槽不转为关，脚高下与眼等，以水注之，三池浮木齐起，眇目视之，三齿齐平，则为天下准。或十步，或一里，乃至数十里，目力所及，置照板、度竿，示以白绳，计其尺寸，则高下丈尺分寸可知，谓之水平。

可以看出，古人以水之平为标准，水平真尺上方的槽中注水，在浮力作用下，浮起三个木质的大小相同的水浮子，其中任意两个水浮子的顶端都可以连成一条线，第三个水浮子则进一步保证了这条线的水平性。如此，在使用时，匠人先把测水平的工具立在地基的中心位置，中表上垂下两根坠有石头的绳子，如果与插入地基中的竖柱平行，则说明水平竖柱垂直于地面，便可向池中注水。然后，工匠利用自己的"目力"观测，通过三个水浮子顶端连成的直线，再分别与远处房基四边上直立的尺子上的刻度相对应，四边上确定的刻度都与水浮子在同一个平面上，这样，地基上方就确定了一个水平面。根据实际需要，提高或降低四边尺子的高度，只要数值相同，依然会是一个水平面。

　　然而，人的"目力"是有限的，如果距离太远，就很难看清远方尺子上的刻度。古人便发明了照板、度竿，度竿上面有刻度，垂直立于地面之上，照板体型巨大，上一半白，下一半黑，中间形成的交界线则是放大的刻度标记。测量之时，举照板的人站在度竿旁边，根据观测水浮子的人的要求，上下移动照板，对应到与水浮子形成的直线相对应的点即可。

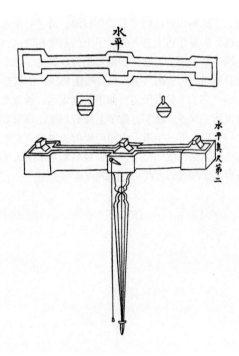

图1-27 宋·李诫《营造法式》中的水平真尺

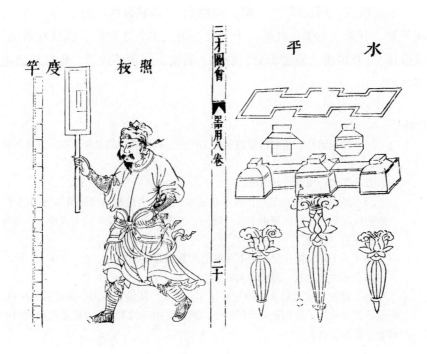

图1-28 明《三才图会》器用卷中用于测量水平的水平尺、照板、度竿

（三）画起屋样[1]

木匠按式，用精纸[2]一幅，画地盘[3]阔狭深浅，分下间、架[4]，或三架、五架、七架、九架、十一架，则王主人之意[5]，或柱柱落地，或偷柱[6]及梁栿，使过步梁、眉梁、眉枋，或使斗磉者，皆在地盘上停当[7]。

注释

〔1〕画起屋样：绘制房屋建筑施工图样，画出其中的梁架结构，方便工匠施工。

〔2〕精纸：质量较好的纸。

〔3〕地盘：房屋地基。古人在建造房屋前，会绘制房屋建筑结构的图样，一般会画在纸上，而民间由于条件限制，通常是画在房屋的墙上或地上，这种方式被称为"地盘"。

〔4〕分下间、架：分别定下房屋的间数和梁架样式。

〔5〕王主人之意：遵照主人的意思。

〔6〕偷柱：应指后文中的"秋千架"样式，所偷之柱为中间位置的栋柱，也就是省去栋柱，使用童柱承托脊檩，将房屋中间的重量通过横梁传导到两侧的金柱或步柱之上。

〔7〕皆在地盘上停当：都在地盘上表现出来。 停当：妥当，安排好。

补说

绘制房屋结构图样，类似于今天施工前绘制的施工图。建筑工程是一项大工程，会有很多工匠在"工头"的带领下，齐心合力共同完成。绘制的图样可以方便工头指挥，也便于众多工匠理解。同时，在绘制图纸的过程中，会咨询东家的意思，图纸是东家和"工头"交换意见、确定房屋结构样式的重要媒介和最终施工方案的表现载体。此处正文中的"则王主人之意"，说的正是要征求东家的意见。柳宗元在《梓人传》中说，他曾看见"梓人"在墙上绘制的结构图精妙无比，"画宫于堵，盈尺而曲尽其制，计其毫厘而构大厦，无进退焉"。仅用一尺见方的地方，就把整个房屋的构造清晰而准确地表现了出来，达到了不差毫厘的程度。想来，将图画在墙壁之上，可以方便匠人们随时观看。工程完工之后，图也就没有了存在的必要，工匠们可以轻而易举地用工具将其铲掉，若是用纸张画图则会造成浪费。另外，纸张比较脆弱，匠人们沾满灰浆的双手不便使用图纸。

不过，对于重大工程，特别是皇家的工程，因为过于复杂，加上需要皇帝和官员观看效果、商议讨论，一般都会绘制详细的图纸，甚至搭建出按比例缩小的模型。清朝著名的"样式雷"就是这样一个为宫廷服务的家族。

从天一阁藏《新编鲁般营造正式》残卷来看，原书应带有常见建筑类型的地盘图，但现存仅有正七架地盘插图一幅（图1-25）。在插图中，标明了地基的方位朝向，房屋坐北朝南；标明了落柱的位置，以半圆或圆圈表示；从东、中间、西三处推测，此屋应是三开间式。此图虽然简略，但很容易让人看懂，既便于工头与东家沟通，也方便工人照图施工。

（四）工具尺

1. 鲁般真尺[1]

按鲁般尺乃有曲尺[2]一尺四寸四分，其尺间有八寸，一寸准[3]曲尺一寸八分。内有财、病、离、义、官、劫、害、本也。凡人造门，用伏尺法也。假如单扇门，小者开二尺一寸，一白[4]，般尺在"义"上；单扇门开二尺八寸在八白，般尺合"吉"上。双扇门者用四尺三寸一分，合四绿一白，则为本门，在"吉"上。如财门者，用四尺三寸八分，合"财"门，吉。大双扇门，用广五尺六寸六分，合两白，又在"吉"上。今时匠人则开门阔四尺二寸，乃为二黑，般尺又在"吉"上，及五尺六寸者，则"吉"上二分，加六分正在"吉"中，为佳也。皆用依法，百无一失，则为良匠也。

注释

〔1〕鲁般真尺：也被称作"鲁班尺""门光尺"，是古代工匠用来决定门的尺寸的工具。尺分为八寸，上面分别有"财、病、离、义、官、劫、害、本"，一般而言，门的尺寸符合"财、义、官、本"中的一个，就代表吉利；而遇上"病、离、劫、害"，就会不吉利。所以，做门一般会选择符合"财、义、官、本"的尺寸。不过，这种选择方式并不绝对，还要根据家主的身份、安门的位置等具体情况而定，如厕所门选择"病"反而吉利。

〔2〕曲尺：民间工匠使用的木工尺，出于功能需要，常制作成"L"形，由一条长边和一条短边组成，且两边组成的夹角为直角，与古代伏羲画像手中所拿的"规"相似。曲尺的短边长度为一尺，长边长度则在不同地区有所不同。

〔3〕准：等于。

〔4〕白：古代工匠和风水师将木工尺的尺度与天上的星象相联系，就有了"一白、二黑、三碧、四绿、五黄、六白、七赤、八白、九紫"，根据风水解说，这九个星中的三个白星是吉星，人们所用到的尺度跟白星相合就会吉利，建筑中的这种用尺方式被称作"压白"。

补说

　　鲁班尺是一种实用性的工具尺（图1-29），平均分为八份，将合适的尺寸定义为"财""义""官""吉（或本）"，不合适的尺寸则定义为"病""离""劫""害"。鲁班尺其实是以尺长的一半为模数单位来确定门的尺寸的，因为由"财"到"义"是半尺（尺长度的一半），由"官"到"吉"也是半尺，只要以半尺为单位就不会挨到代表不吉的那四个字。此外，不同身份的家庭的门的大小是有区别的，鲁班尺以不同的字去对应家庭身份，"义门惟寺观学舍义聚之所可装，官门惟官府可装"。不过，凡事皆有相对性，代表不吉的尺寸，也并非一无是处，在每个字对应的诗句中可以发现，"病"字对应的尺寸适合选做厕所的门。"义"字虽好，但使用不当也会有灾祸，最适合使用的是厨房的门。

　　虽然鲁班尺中包含了吉凶祸福这样迷信色彩的内容，但在使用过程中会发现它具有很强的科学性。第一，古人认识到了尺度中的模糊性，鲁班尺分为八段，而非某个精确的刻度，这就为施工者留出了一定尺度的灵活性。在施工过程中，即使在现代仪器的辅助下，也难免会存在一定的误差，古代因为工具简陋，出现误差的可能性会更大，且出现的偏差值会更大。以一段尺寸来界定范围，则是充分认识到误差存在这一现象的结果，从而避免施工中出现无法挽回的错误。第二，鲁班尺是古人以人为尺度的重要体现。明代一尺（曲尺）长度为32厘米，鲁班尺一寸等于曲尺的一寸八分，所以，鲁班尺等于1.44曲尺的长度，也就是46.08厘米，基本是成年人的肩宽。门用于供人穿行，一般情况下，只要达到人肩的宽度，就可以直接行走穿过。所以，一鲁班尺的门可供一人穿过，二鲁班尺的门可以供两人并肩穿过，以此类推，门的宽度为几鲁班尺，就可以供几人同时并肩穿过。

　　鲁班尺作为一种实用的工具，却被包裹上吉凶祸福的外衣，这与当时的社会环境息息相关。在明代，风水已经在社会上广泛流行，木工活动也受到了风水行业的侵扰。当东家准备开展工程的时候，必然要涉及风水择址、择日等问题，这些工作本是由东家请风水师来完成。但是，如此一来，工匠就会受到风水师的牵制，需要按照风水师的指示来施工。然而，风水是一个科学与愚昧共存的混合体，其中既有正确的科学知识，也掺杂了很多错误的内容，所以，风水师的观点也可能存在错误。此外，建筑与风水是两个不同的行业，风水师不一定具备足够的木工知识。在这样的情况下，风水师的意见难免会给工匠带来不必要的麻烦，造成施工上的困难，影响工程的质量。工程的质量问题会使工匠名誉受损，同时，东家也会有很大损失。所以，工匠需要争夺在工程上的主动权，排除风水师的干扰。同时，在行业竞争方面，一个懂风水的工匠具有更大的竞争力，甚至可以将被风水师夺走的那部分工钱重新夺回来。在这种环境中，鲁班尺中的吉凶成分会得到进一步的渲染和加重。

鲁般尺八首

财字

财字临门仔细详，外门招得外才良。

若在中门常自有，积财须用大门当。

中房若合安于上，银帛千箱与万箱。

木匠若能明此理，家中福禄自荣昌。

病字

病字临门招疫疾，外门神鬼入中庭。

若在中门逢此字，灾须轻可免危声。

更被外门相照对，一年两度送尸灵。

于中若要无凶祸，厕上无疑是好亲。

离字

离字临门事不祥，仔细排来在甚方。

若在外门并中户，子南父北自分张。

房门必主生离别，夫妇恩情两处忙。

朝夕士家常作闹，恓惶[1]无地祸谁当。

义字

义字临门孝顺生，一字中字最为真。

若在都门招三妇，廊门淫妇恋花声。

于中合字虽为吉，也有兴灾害及人。

若是十分无灾害，只有厨门实可亲。

官字

官字临门自要详，莫教安在大门场。

须妨公事亲州府，富贵中庭房自昌。

若要房门生贵子，其家必定出官廊。

富家人家有相压，庶人之屋实难量。

劫字

劫字临门不足夸，家中日日事如麻。

更有害门相照看，凶来迭迭祸无差。

儿孙行劫身遭苦，作事因循害却家。

四恶四凶星不吉，偷人物件害其佗。

害字

害字安门用细寻，外人多被外人临。

若在内门多兴祸，家财必被贼来侵。

儿孙行门于害字，作事须因破其家。

良匠若能明此理，管教宅主永兴隆。

吉字

吉字临门最是良，中官内外一齐强。

子孙夫妇皆荣贵，年年月月在蚕桑。

如有财门相照者，家道兴隆大吉昌。

使有凶神在傍位，也无灾害亦风光。

本门[2]诗

本子开门大吉昌，尺头尺尾正相当。

量来尺尾须当吉，此到头来财上量。

福禄乃为门上致，子孙必出好儿郎。

时师依此仙贤造，千仓万廪有余粮。

注释

〔1〕恓惶：凄惨惶恐。

〔2〕本门：即吉门，二者所指位置相同。南宋陈元靓的《事林广记》中有关于鲁班尺的记载，言明"本"是由"吉"改的，含义并无不同。原文为"《淮南子》曰：鲁班即公输般，楚人也，乃天下之巧士，能作云梯之械。其尺也，以官尺一尺二寸为准，均分为八寸，其文曰财、曰病、曰离、曰义、曰官、曰劫、曰害、曰吉；乃北斗中七星与辅星主之。用尺之法，从财字量起，虽一丈十丈皆不论，但于丈尺之内量取吉寸用之；遇吉星则吉，遇凶星则凶。亘古及今，公私造作，大小方直，皆本乎是。作门尤宜仔细，又有以官尺一尺一寸而分作长短寸者，但改吉字作本字，其余并同"。

补说

鲁班尺分为财、病、离、义、官、劫、害、吉（本）八段，从字面意思看，其中的财、义、官、本为吉，病、离、劫、害为凶，但并非十分绝对，需要根据家主的具体情况来定。财门相对较好，无论是用在外门还是中门，都能够进财添福。病门虽然不适合用在外门和中门，但用在厕所上，则转而为吉。离门，根据诗文含义，似乎无可取之处。义门，看似为吉，但并不能随便用，义字吉中带祸，唯一不会带来祸患的情况，就是用在厨房的门上。官门，只适合官家使用。官家使用时，不能用在大门上，用在中庭才合适。劫门、害门二者应当也无可取之处。吉门则不论用在中门还是外门，都十分吉利。

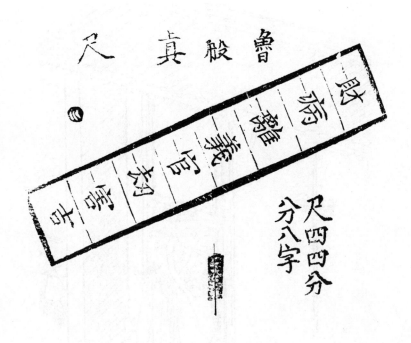

图1-29　天一阁藏《新编鲁般营造正式》插图　鲁般真尺

图 1-30 《鲁班经》插图

2.曲尺

曲尺诗

一白惟如[1]六白良，若然[2]八白亦为昌[3]。

但将般尺[4]来相凑[5]，吉少凶多必主殃。

注释

〔1〕惟如：就像……一样。

〔2〕若然：如果这样。

〔3〕昌：昌盛。

〔4〕般尺：即鲁般真尺。

〔5〕相凑：放在一起参照对比。同时使用曲尺和鲁班尺，使尺寸同时符合两种尺子上的吉位。

补说

曲尺（图1-31），形状为"L"形，两边一长一短，相互垂直，故除了可以测量长度，还可以测量直角。曲尺的短边带有刻度，长为一尺，均分十段，一、六、八三处为"白星"，寓意吉祥，所以，尺寸要与这三个位置中的一个相符。鲁班尺和曲尺都是用来测量建筑尺寸吉凶的工具，但二者的使用方式不同。古代工匠常会将两种尺一起使用，选出既符合曲尺压白又符合鲁班尺吉利的尺寸。如果选定的尺寸在一种尺上显示为吉，在另一种尺上显示为凶，就要慎重考虑是否选用这个尺寸了。

曲尺之图

一白、二黑、三碧、四绿、五黄、六白、七赤、八白、九紫、十白。

论曲尺根由[1]

曲尺者，有十寸，一寸乃十分。凡遇起造经营、开门高低、长短度量，皆在此上。须当凑对鲁般尺八寸，吉凶相度[2]，则吉多凶少，为佳。匠者但用仿此，大吉也。

注释

〔1〕根由：本指根源、由来，此处意为"用途"。

〔2〕相度：相互对比，衡量。

推^{〔1〕}起造何首^{〔2〕}合白吉星

《鲁般经》营^{〔3〕}：凡人造宅门，门一须用准与不准^{〔4〕}。及^{〔5〕}起造室院，条缉车箭^{〔6〕}，须用准^{〔7〕}，合阴阳，然后使尺寸量度用合"财吉星^{〔8〕}"及"三白星^{〔9〕}"，方为吉。其白外^{〔10〕}，但则九紫为小吉。人要合鲁般尺与曲尺，上下相同为好^{〔11〕}。用克定神、人、运、宅及其年，向首大利。

注释

〔1〕推：推算。

〔2〕何首：据下文末尾的"向首大利"推断，当为"向首"，指朝向。

〔3〕营：应为"云"，疑发音相近而误。

〔4〕门一须用准与不准：在造门时，首先要考虑的是尺寸的精确度。　准与不准：是思考的过程，是对思考的形象化表达。

〔5〕及：等到，待到。

〔6〕条缉车箭：根据尺寸对大木料进行加工。　条、箭：指木料加工成长条或小棍的形状。　缉、车：指加工木料的方法，或攒接（将小构件组合到一起）或切割（将大木材分割成适合使用的小材）。

〔7〕须用准：（所用尺寸）需要准确对应到一定的尺度（即吉星）。

〔8〕财吉星：鲁班尺上的财、吉二字，此处代指鲁班尺上代表吉利的尺寸。

〔9〕三白星：曲尺上的一白、六白、八白三个尺寸。

〔10〕其白外：（曲尺上）除了三个白星之外。

〔11〕上下相同为好：所选定的尺寸，要同时在鲁班尺和曲尺上都对应吉，才是好的尺寸。

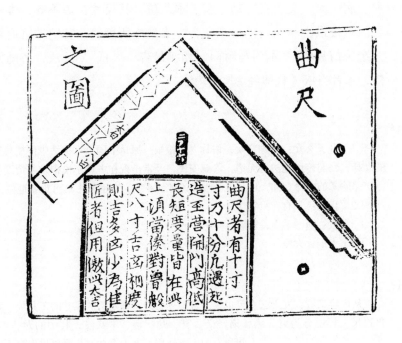

图1-31 天一阁藏《新编鲁般营造正式》插图 曲尺之图

3.九天玄女尺

按九天玄女[1]装门路，以玄女尺算之，每尺止得[2]九寸有零，却分财、病、离、义、官、劫、害、本八位，其尺寸长短不齐，惟本门与财门相接最吉。义门惟寺观学舍、义聚之所可装。官门惟官府可装，其余民俗只妆[3]本门与财门，相接最吉。大抵[4]尺法，各随匠人所传，术者当依《鲁般经》尺度为法。

注释

　　[1]九天玄女：简称玄女，俗称九天娘娘。原是中国上古神话中传授兵法的女神。民间传说她法力无边，除暴安民，经常出现在古典小说中，是帮助英雄铲恶除暴的应命女仙，后被道教吸收进神仙系统，在道教中具有重要地位。
　　[2]止得：只有，只等于。　止：通"只"。
　　[3]妆：通"装"，安装。
　　[4]大抵：大概。

补说

　　从内容来看，九天玄女尺也是一种根据吉凶来确定门的尺寸的工具尺，跟鲁班尺一样也分为财、病、离、义、官、劫、害、本八段，其中的财、本、义、官是吉利的尺寸，供不同身份的人家选用。九天玄女尺与鲁班尺也有不同之处。首先，长度方面，九天玄女尺仅有九寸长，比鲁班尺短；其次，虽然都是将尺分为八段，但鲁班尺的每一段的长度都相同，而九天玄女尺则"其尺寸长短不齐"。所以，鲁班尺与九天玄女尺在实际使用过程中，应该存在一定的差别。

4.步数

论开门步数[1]：宜单不宜双。行惟一步、三步、五步、七步、十一步吉，余凶。每步计四尺五寸为一步[2]，于屋檐滴水处[3]起步，量至立门处，得单步，合前财、义、官、本门，方为吉也。

注释

[1]开门步数：房屋至屋前之门的距离，此处以步为单位进行计算。

[2]每步计四尺五寸为一步：以明代一尺为32厘米计算，一步的长度为144厘米。

[3]屋檐滴水处：水滴从屋檐垂直下落到地面的位置。

补说

以"步"为单位测距，是古代施工中常用的方式，虽然不及工具尺准确，但具有很强的便捷性，无需借助外物，通过迈步即可大概知道两地之间的距离。可以说，以"步"为单位在我国流传已久，是传统文化的一部分，成语"百步穿杨"即是一例。在古代很多文献中，都有以"步"为单位对距离进行的描述。《东京梦华录·东都城外》中有"新城每百步设马面、战棚，密置女头，且暮修整，望之耸然。城里牙道，各植榆柳成荫。每二百步，置一防城库，贮守御之器，有广固兵士二十"。从计量的尺度来看，用"步"测量的距离，一般都是距离比较长，且对精度要求相对较低的，但若用工具尺测量则有较大困难。因为古代技术限制，尺的长度有限，长者也只是在一丈上下。用丈尺测量大尺度距离，除了费工费时，还会因为人员有限、配合不当等因素发生方向偏移等问题。相比之下用"步"测量就显得便捷高效。中国这种用"步"测量的方式，也体现了古人"以人为基本尺度"的观念，通过自身的特点去理解世界。

5.定盘真尺 [1]

凡创造屋宇，先须用坦平地基，然后随大小、阔狭，安礩 [2] 平正。平者，稳也。次用一件木料，长一丈四五尺有余，长短在人。用大四寸，厚二寸，中立表，长短在四五尺内实用 [3]。压曲尺，端正两边 [4]。安八字 [5]，射中心，上系一线垂下，吊石坠，则为平正，直也，有实据可验。

诗曰：

> 世间万物得其平，全仗权衡及准绳。
>
> 创造先量基阔狭，均分内外两相停。
>
> 石礩切须安得正，地盘先宜镇中心。
>
> 定将真尺分平正，良匠当依此法真。

注释

〔1〕真尺：测定柱础平正的工具（图1-32）。此物在宋代《营造法式》中也曾提到，描述内容和使用方法基本相同。

〔2〕安礩：（在平正的地基上）安放柱础。

〔3〕长短在四五尺内实用：指的是立表的长度。

〔4〕压曲尺，端正两边：通过曲尺的直角使得"立表"与"一丈四五尺"长的木料垂直。

〔5〕八字：即八字形，两根斜插在立表上的木条，形成八字形，起到稳固作用。

补说

柱础，也就是文中的"礩"，在建筑中起到"基础性"作用，关系到建筑能否平稳牢固。因此，需要保证所有柱础水平高度一致，为柱子安放打好基础。柱础定平的工具称为"真尺"，长度在一丈四尺到一丈五尺之间，基本是民间建筑相邻两柱之间的距离。在宋代《营造法式》中，其长度更长，为一丈八尺，应与其所代表的官式建筑级别更高有关。

真尺定平是通过垂直原理实现的。立表与真尺的尺身是垂直关系，因此，只要立表与地面是垂直的，真尺就是与地面平行的状态。立表是否垂直于地面，则由系在立表上端、底部坠有重物的细线来确定。在地心引力的作用下，这根坠有重物的线会垂向地面，当它与立表中间画的与真尺垂直的墨线平行时，即表示立表与地面垂直。当真尺两端担在相邻的两个柱础上时，立表上的垂线与墨线平行，就表明两个柱础高度相同。整间房屋柱础高度的定平，一般需要确定一个柱础的高度作为标准，通常会选定地基中间的柱础，然后使其他柱础的高度与它相同即可。

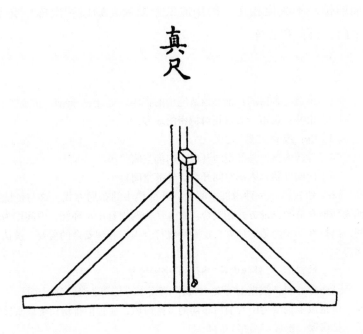

图1-32　宋·李诫《营造法式》　真尺

（五）宅地形态

推造宅舍吉凶[1]论

造屋基，浅在市井[2]中，人魅[3]之处，或外阔内狭[4]为，或内阔外狭[5]穿，只得随地基所作。若内阔外，乃名为蟹穴屋[6]，则衣食自丰也。其外阔，则名为槛口屋[7]，不为奇也。造屋切不可前三直后二直，则为穿心栟[8]，不吉。如或新起栟，不可与旧屋栋齐过。俗云：新屋插旧栋，不久便相送。须用放低于旧屋，则曰：次栋。又不可直栋穿中门，云：穿心栋[9]。

注释

〔1〕推造宅舍吉凶：推算营造宅舍的吉凶。　推：推演，推算。

〔2〕市井：街市，人口相对稠密的地方。

〔3〕魅：或为"密"之误。

〔4〕外阔内狭：外部空间开敞，内部空间狭小。

〔5〕内阔外狭：内部空间开阔，外部空间狭小。

〔6〕蟹穴屋：一种内部空间大，外部狭小的布局方式。这与传统观念中四周环抱有情的选址方式相契合。古人认为四周有山水环绕，中间作为居住空间，出口在一个隐蔽的地方，这种环境符合人们心理安全的需要，被认为是风水宝地。

〔7〕槛口屋："外阔内狭"形态的房屋地基。

〔8〕穿心栟：根据上下文，"栟"应该是"栋"之误，意指房屋。　穿心栟，应指以中轴线为中心前后布局的多排房屋，通过前排房门可以直接望到最后一排房屋，形成一箭穿心的布局。

〔9〕穿心栋：此处指次栋位于正房的前方，通过次栋的房门可以直接看到正房。这种布局既容易形成对正房光线的遮挡，不利于采光，还因为直穿中门，让人产生不安全感。

补说

相传，市井之名源于"古者二十亩为井，因井为市"，在一定范围内，人们围绕着水井形成了聚居贸易的闹市。在人口较多的地区，土地资源变得紧张，房屋建筑布局很多时候会受到四邻宅基地的影响，因而无法完全按照风水观念选择形态良好的地基，只能根据实际情况搭建房屋。古人讲究"环抱有情"，大到城市选址，小到个人家庭住宅，都是如此。这是潜意识中对安全的追求。明代商品经济发展，城市繁荣，从仇英的《清明上河图》中可以看到城市中拥挤错落的房屋（图1-33）。即便著名的江南园林也变得狭小，只能寻求小中见大。对于普通人家而言，地基形态已经不重要，能够找到一块宅基地已经算是幸事。所以，此处对"槛口屋"也不再说不吉，而是说"不为奇也"，对之习以为常。沈周所绘《雨江名胜图册》中，扬州市井中的房屋沿河而建，参差错落，形态也各不相同（图1-34）。

图1-33　明·仇英《清明上河图》局部　市井中拥挤的房屋建筑布局

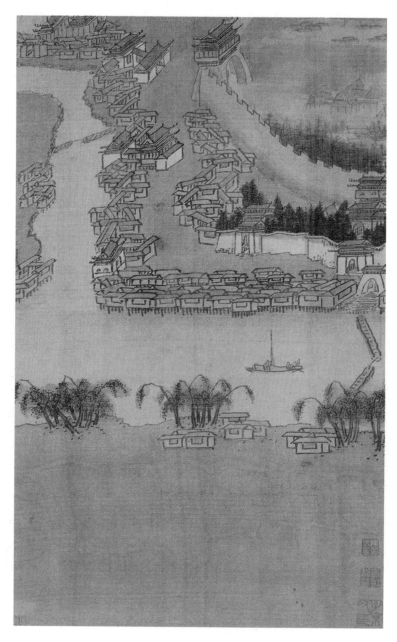

图1-34　明·沈周《雨江名胜图册》之一　房屋沿河而建，错落参差

（六）屋架样式

1.三架屋样式

三架^[1]屋后连^[2]三^[3]架法

造此小屋者，切不可高大。凡步柱^[4]只可高一丈零一寸，栋柱^[5]高一丈二尺一寸，段深^[6]五尺六寸，间阔^[7]一丈一尺一寸，次间一丈零一寸，此法则相称也。

诗曰：

凡人创造三架屋，般尺^[8]须寻吉上量。

阔狭高低依此法，后来必出好儿郎。

注释

〔1〕三架：即仅使用三排檩条的屋架。

〔2〕连：《鲁班经》中原为"车"，据天一阁藏《新编鲁般营造正式》改为"连"。指在正架式的房屋后方再增加一架。

〔3〕三：天一阁藏《新编鲁般营造正式》为"一"。此屋架本就仅有三架，若在屋后再增加三架，会显得很不协调，另外按照从栋柱向两侧逐渐降低的特点，屋后最外侧的柱子会非常低，不方便人通行。故《新编鲁般营造正式》中的"一"更为准确。

〔4〕步柱：即檐柱，房屋最外侧屋檐下的柱子。

〔5〕栋柱：在中间位置，支撑屋顶檩条重量的柱子。栋柱是整个房间中最高的柱子。

〔6〕段深：屋架中相邻两根檩条水平方向的距离。

〔7〕间阔：古代房屋一般分为明间、梢间、次间三种。在中间位置的开间是明间，处在两端的是梢间，明间与梢间之间的则是次间。从房屋的正立面看，两根左右相邻的立柱之间的距离就是间阔。此处当指明间的间阔。

〔8〕般尺：鲁班尺。

补说

　　三架屋，正如文中开头所说是间"小屋"，而且正因为屋子很小，为了比例的协调，也为了房屋的稳定性，房子建得"切不可高大"。从尺寸来看，房屋最高的栋柱为一丈二尺一寸，大约是3.8米，也就是房顶最高的地方——屋脊的高度约为4米；步柱的高度为一丈零一寸，约为3.2米，所以房檐距离地面高度约3米。《新编鲁般营造正式》中用简洁的图画展示了三架屋连一架的梁柱结构（图1-37）。《鲁班经》中却改成了具有一定故事性的场景图画：工匠正在修整木料，东家站在旁边观看施工情况，梁架结构的展示则在很大程度上被忽略。在插图方面的这种改动，也是《鲁班经》的一个特点，后面的五架屋、七架屋、九架屋等插图都能看到相同的表现方式。

　　明代《三才图会》中的牛室（图1-38），当为三架式，但只有两根步柱（檐柱）落地，承托屋顶的重量。中间的栋柱采用了偷柱的方式，用一根短小的童柱代替，屋顶的重量通过童柱下的横梁传送到两侧的步柱之上。三架屋体量上相对较小，不太适合人居住，用作牛栏较为合适。从插图中可以看到，屋顶并未使用砖瓦，而是使用了芦苇、藤蔓等容易获得的材料编织成的挡板。

图1-35 《鲁班经》插图 三架式

图1-36 《鲁班经》插图　三架式

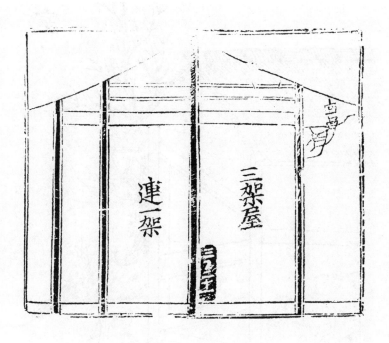

图 1-37　天一阁藏《新编鲁般营造正式》插图　三架屋连一架

牛室

图1-38　明《三才图会》中的牛室

2.五架屋样式

（1）五架[1]房子格

正五架三间拖后[2]一（注：此处应缺一"架"字），柱步[3]用一丈零八寸，仲[4]高一丈二尺八寸，栋[5]高一丈五尺一寸，每段[6]四尺六寸。中间[7]一丈三尺六寸，次[8]阔一丈二尺一寸，地基阔狭则在人加减，此皆压白之法[9]也。

诗曰：

> 三间五架屋偏奇，按白量材实利宜。
>
> 住坐安然多吉庆，横财入宅不拘时。

注释

〔1〕五架：有五排檩条的梁架结构。

〔2〕拖后：即后拖，后面增加。

〔3〕柱步：即步柱。

〔4〕仲：即仲柱，步柱与栋柱之间的柱子，一般称为金柱。

〔5〕栋：即栋柱，屋脊正下方的柱子。

〔6〕段：即段深，相邻两根檩条间的水平距离。

〔7〕中间：即明间，位于中部。

〔8〕次：次间，明间左右两侧紧邻的两个房间。

〔9〕压白之法：使用曲尺的方法，曲尺上的一、六、八三个位置为白星，所需尺寸与这三个位置中的任意一个相对应，即压白。

补说

在清院本《清明上河图》中，很多房屋的梁架结构都呈现在画面上，为人们了解古代建筑提供了一定的参考。在画面中，这座沿河的房屋正是五架结构，同时从河岸一侧可以看出房屋为三间。此处的屋架结构与《鲁班经》中的略有不同，中间的栋柱不是直接延伸到屋脊处的长木，而是与两侧的檐柱的长度相同，共同承托上方横向的梁木。梁木上方通过短小的童柱承托，将屋顶重量传导到下方的柱子之上（图1-40）。

（2）五架屋诸式图

五架梁栱[1]，或使方梁[2]者，又有使界板[3]者，及又槽[4]、搭栿[5]、斗槃[6]之类，在主者之所为也。

注释

〔1〕梁栱：梁柱。

〔2〕方梁：方形的横梁。

〔3〕界板：根据《新编鲁般营造正式》，应是"界梁"。界，指梁架上相邻两根檩条之间的水平距离。界梁的长度是"一界"的几倍就称几界梁。界梁的使用意味着其下方没有落地柱，最长的界梁只有两端由落地柱承托，中间形成一个没有柱子隔档的整体性空间。

〔4〕又槽：又，应为"叉"，指"叉手"，用于屋架脊部，作为柱子左右两侧连接下方横梁，起到稳固作用。 槽：指屋架柱子排布的形式，即柱网的排布问题。

〔5〕搭栿：搭建承托房顶重量的横木，梁的一种，常见于宋代《营造法式》中。根据位置不同而横跨的椽木条数不同，分别称作两椽栿（也称乳栿）、四椽栿、六椽栿等。栿梁下方无落地柱，仅两端由落地柱支撑，故栿梁下方也有一个加大的整体性空间。但与界梁也有不同之处，界梁下方形成的空间一般在房屋中部，而栿梁下方形成的空间一般在房屋的前方或后方。

〔6〕斗槃：或为"斗礩"，指安放柱础。 斗：组合，安装。

补说

通过北宋李诫《营造法式》，可以看出宋代是用椽栿的多少来计数梁架结构的，与《鲁班经》中以檩条数量计数屋架的方式有所不同。以《营造法式》中"六架椽屋乳栿对四椽栿用三柱"样式为例（图1-42），左侧两根立柱之间最长的栿木（横梁）横跨的椽木数量为四，故称为四椽栿；右侧两根立柱之间最长的栿木（横梁）横跨的椽木数量为二，为二椽栿（通常称乳栿）。宋代以横跨屋顶椽木数量来计数，所以栿的数量为偶数，二、四、六、八等。《鲁班经》中以屋顶檩条数计算屋架，所以常为单数，三、五、七、九等。不过，当房子为圈棚顶时，屋脊不使用檩条，这时候也会出现房屋架数为偶数的情况。

另外，通过《鲁班经》中有关"椽栿"的记述，可以推测宋代建筑对明代建筑的发展存在着一定的影响，在技术方面存在着联系。在书籍编写方面，也可能存在着《鲁班经》对宋代《营造法式》直接或间接的参考。

（3）五架后拖两架

五架屋后添两架，此正按古格[1]，乃佳也。今时人唤做前浅后深[2]之说，乃生生笑隐[3]，上吉也。如造正五架者，必是其基地[4]如此，别有实格式，学者可验之也。

注释

〔1〕古格：古代的样式。

〔2〕前浅后深：因五架后增加了两架，栋柱后方比前方多两架，所以形成了前浅后深的状况。

〔3〕生生笑隐：如同代表吉庆的笑隐禅师亲临一样，形容这种梁架结构的房屋好。 生生：活生生的。 笑隐：元代的大䜣（1268－1344），号笑隐，"诗禅三隐"之一。自幼出家，曾在永嘉江心寺、杭州灵隐寺做住持。元帝册封他为"广智全悟大禅师"。

〔4〕基地：地基，建造房屋的宅基地。

补说

《新编鲁般营造正式》作为《鲁班经》汇编内容的来源之一，目前保存下来的内容在《鲁班经》中都能找到。但在插图方面，《鲁班经》做了较大的改动。《新编鲁般营造正式》中的插图还是较为粗略的平面视图，注重实用性；《鲁班经》中则变成了立体化的带有人物场景性的图画，偏重于美观性，应该是受到了当时小说戏曲话本插图的影响。

从五架屋拖后架条目来看（图1-44），《新编鲁般营造正式》中的插图，简洁明晰地展示了五架后面增加一架的样式，一共有五根柱子落地，房屋前半部分采用童柱，这样就增加了房屋前半部分的空间。《鲁班经》中的插图除了展现屋架的样式外，还增加了东家和匠人两个人物形象，从而具有了故事性，暗含了房屋设计需要匠人与东家共同商讨才能确定的意思。

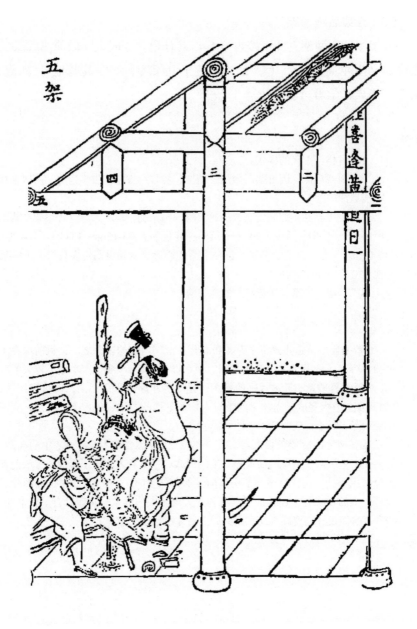

图1-39 《鲁班经》插图 五架

图1-40　清院本《清明上河图》局部　五架三间的房屋

图1-41 《鲁班经》插图

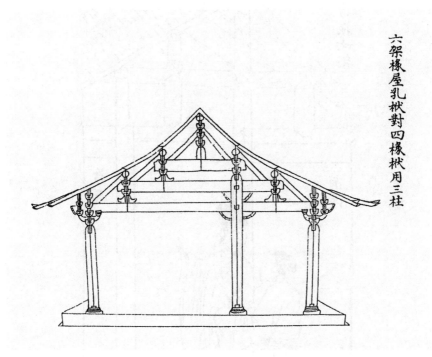

图1-42　宋·李诚《营造法式》插图　六架椽屋乳栿对四椽栿用三柱

图1-43 《鲁班经》插图 五架后拖两架

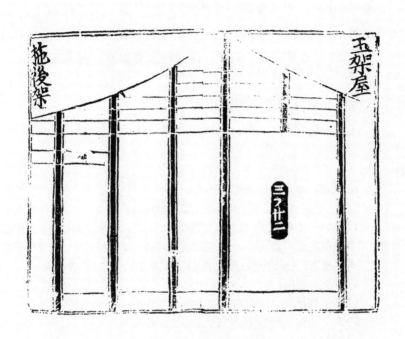

图1-44　天一阁藏《新编鲁般营造正式》插图　五架屋拖后架

3.七架屋样式

（1）正七架三间格

七架[1]堂屋，大凡架造，合用前后柱[2]高一丈二尺六寸，栋高一丈零六寸[3]。中间[4]用阔一丈四尺三寸，次[5]阔一丈三尺六寸。段[6]四尺八寸。地基阔窄、高低、深浅随人意加减，则为之。

诗曰：

经营此屋好华堂，并是工师巧主张。

富贵本由绳尺[7]得，也须合用按阴阳。

注释

〔1〕七架：顶部有七根檩条的屋架。

〔2〕前后柱：前后步柱，即房屋前后的檐柱。

〔3〕栋高一丈零六寸：栋柱高度缺少尺数。据前后文中其他屋架中栋柱高度（三架屋栋柱高一丈二尺一寸、五架屋栋柱高一丈五尺一寸、九架屋栋柱高二丈二尺）推测，七架屋栋柱高度中"尺"的数值应在"九"左右。

〔4〕中间：明间。

〔5〕次：即次间，与明间左右两侧紧邻的房间。

〔6〕段：段深，相邻两根檩条之间的水平距离。

〔7〕绳尺：绳墨、鲁班尺之类的工具。

（2）正七架格式

正七架梁，指及七架屋，川牌枡[1]，使斗槮[2]或柱义桁并[3]，由人造作，后有图式可佳。

注释

〔1〕川牌枡："川"或为"川金童"，是屋架上童柱的一种；牌，或为"牌科"，在南方较为常用，即斗拱。　枡，前文中多次出现，意为"柱"。

〔2〕斗槮：应为"斗礤"，指斗拱和柱础。

〔3〕柱义桁并：柱子与檩条通过叉手等部件组合到一起。　义：应为

"叉"之误，指"叉手"，在脊柱两侧与梁相连成"八字形"的两根木材，起到稳固作用。 桁：檩条。 并：合并，组合。

补说

此处介绍过于简略，让人难以理解。根据现有信息，主要是木架结构的部件名称，可猜测作者是想让人了解正七架屋的屋架的各种组合方式。最后一句还说"后有图式可佳"，但并未提供具体插图。如果有细节配图，更能够帮助读者理解文意。

图1-45 《鲁班经》插图　七架屋样式

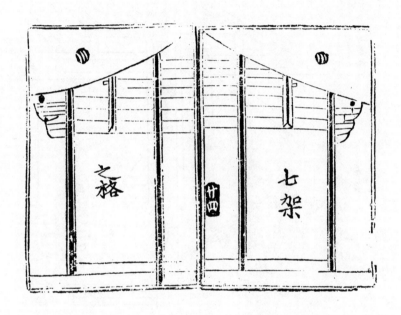

图1-46　天一阁藏《新编鲁般营造正式》插图　七架之格

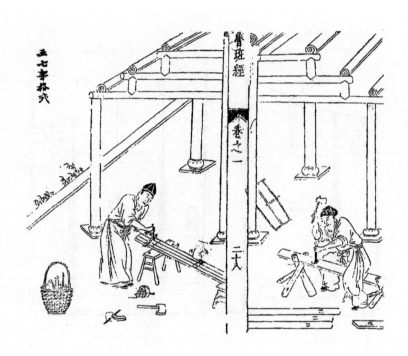

图1-47 《鲁班经》插图 正七架格式

4.九架屋样式

正九架[1]五间[2]堂屋格

凡造此屋，步柱用高一丈三尺六寸，栋柱（注：此二字或为多余，应去掉）或地基广阔，宜一丈四尺八寸[3]。段[4]浅者四尺三寸，成十分深，高二丈二尺栋[5]为妙。

诗曰：

阴阳两字最宜先，鼎创兴工好向前。

九架五间堂九天[6]，万年千载福绵绵。

谨按仙师真尺寸，管教富贵足庄田。

时人若不依仙法，致使人家两不然[7]。

注释

〔1〕九架：屋顶有九行檩条的屋架。

〔2〕五间：面阔五间。

〔3〕或地基广阔，宜一丈四尺八寸：在将前面"栋柱"二字去掉之后，此两句之意则为：如果地基比较广阔，房屋前后的步柱尺寸可用一丈四尺八寸。这样房屋中最矮的檐柱尺寸增加，其他柱子也会加高，于是，房屋的整体高度会因为地基广阔而增加。

〔4〕段：段深，相邻两根檩条之间水平方向的距离。

〔5〕栋：即栋柱，屋脊正下方的柱子。

〔6〕九天：形容宏大。九架已经是很高大的房屋类型，并非一般平民可用。除了具备一定的财力，还需要有较高的社会地位。

〔7〕两不然：两种截然不同的结果，即与大吉大利相反的结果。

补说

九架是《鲁班经》中介绍的最大型的屋架，但内容过于简单。柱子高度只有最矮的檐柱和最高的栋柱，面阔更是没有提及，致使读者无法全面了解九架屋的样式。很多内容还需要依据存世古建筑实物进行比较和推测。

图1-48 《鲁班经》插图 九架屋样式

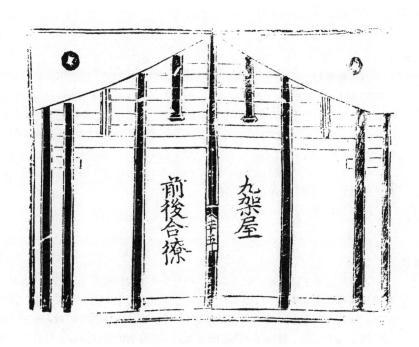

图1-49　天一阁藏《新编鲁般营造正式》插图　九架屋前后合寮

5.秋千架

秋千架：今人偷栋栟[1]为之吉。人以如此造，其中创闲[2]要坐起处[3]，则可依此格，尽好。

注释

〔1〕偷栋栟：将房屋中间的栋柱替换成矮小的童柱，使屋顶的重量通过童柱和童柱下方的横梁传递到两侧的柱子之上。栋柱处在每一排柱子的中间位置，尺寸最长，在木料选择方面有更高的要求，成本更高，偷栋的方法则可以节约成本，同时还能扩大室内的空间。 栟：应为"柱"之误，《新编鲁般营造正式》中为"柱"。

〔2〕创闲：创造出可用于休闲的室内空间，即通过偷柱的形式减少落地的柱子的数量，从而扩大屋内的空间。

〔3〕坐起处：供起居使用的空间。

补说

偷栋柱的方法被称作"秋千架"，但与供人嬉戏的秋千并不相同，而是一种梁架结构形式。从书中插图来看，应是雕版匠人对书中内容理解有误，从而绘制了一幅庭院中女子荡秋千的场景图（图1-50）。《新编鲁般营造正式》成书可推至元代，是《鲁班经》内容的来源之一，且书中现存内容，都能在《鲁班经》中查阅到。《新编鲁般营造正式》中的秋千架一条，文字与《鲁班经》中的基本一致，而插图则完全不同。结合文字内容，可以断定，《新编鲁般营造正式》中的插图更为准确（图1-51），图中为七架式，中间位置的栋柱替换成了不落地的短柱。

如果要说《鲁班经》中的秋千架插图有一定的道理，那只能是因为秋千架由两侧柱子支撑，中间空空。建筑中的秋千架，也是通过减少柱子落地，创造出更大的供人活动的空间。雕版工匠之所以会将一种建筑方法理解成供人娱乐的秋千，应该是因为荡秋千这种娱乐活动已经深入当时社会生活之中。古代很多诗人、词人都曾写过与秋千相关的名篇，北宋大文学家苏轼曾写有《蝶恋花·春景》，其中几句是："墙里秋千墙外道，墙外行人、墙里佳人笑"，内容基本与《鲁班经》插图场景一致，而且朗朗上口。明代流行通俗小说，荡秋千则是其中经常出现的场景。

图1-50 《鲁班经》插图 秋千架

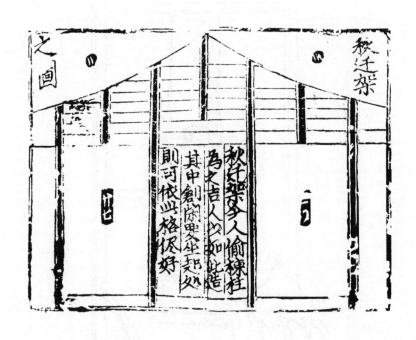

图1-51　天一阁藏《新编鲁般营造正式》插图　秋千架之图

五、具体建筑类型

（一）搜焦亭^[1]（*此条原在小门式之后*）

造此亭者，四柱落地，上三超四结果^[2]，使平盘方中^[3]，使福海顶^[4]、藏心柱^[5]，十分要耸，瓦盖^[6]用暗镫^[7]钉住，则无脱落，四方可观之。

注释

〔1〕搜焦亭：根据字形，以及亭子的使用功能，正确的名字可能是"叟樵亭"，叟为老年人，指代老幼妇孺；樵为樵夫，可代指过路的商人、匠人等有营生的人。此外，"叟"与"搜"在古代互为异体字，故进一步证明存在"叟樵亭"这一名称的可能性。

〔2〕上三超四结果：众多梁木在（四根立柱）上方形成四个近似三角体的结构，从凉亭正上方俯视，呈"十"字形。　超：总共。　结果：结构。

〔3〕使平盘方中：使亭子内部的屋顶平整方正。

〔4〕福海顶：古代亭类建筑顶盖的一种形式，或指带有蝙蝠、水波等纹饰图案。

〔5〕藏心柱：用来支撑房屋顶盖的一种短柱，位于亭子顶盖下方，与周围梁木相连。

〔6〕瓦盖：即盖瓦，房屋最上层用于遮盖屋顶的瓦片。

〔7〕暗镫：暗钉，用于固定瓦片且不易被人发现的钉子，既实用又美观。

补说

  《释名》言："亭，停也。亦人所停集也。"亭子是供人休息的场所，作为我国的一种传统建筑样式，源于周代，多建于路旁，供行人休息、乘凉或观景。从结构上看，亭子一般是开敞性结构，没有围墙，其顶部有多重变化，常见的有四角、六角、八角、圆形等多种形状。

  首先，亭子作为实用建筑，是供人休息、纳凉的场所。因此，凉亭多建在道路沿途，方便旅途中的行人。这种公共建筑，在我国古代社会广泛使用，至今很多地方还存有它们的遗迹。芙蓉村作为我国的古村落之一，村民们长期以传统方式生活。农夫到村外耕田种地，妇女带着小孩到村口溪边洗衣服。出于对妇女和孩子的关照，村中便组织给他们在溪水旁造了一座凉亭，还在亭子里供奉着三官大帝神像，以期保佑一方百姓。在仇英的《清明上河图》中，一座凉亭建在路旁，供往来的行人使用，一些人正坐在里面歇脚，或观赏周围景色，或攀谈聊天（图1-53）。

  北宋欧阳修一首《醉翁亭记》，"然而禽鸟知山林之乐，而不知人之乐；人知从太守游而乐，而不知太守之乐其乐也"，使亭子成了体味人生之乐的场所。

  建在城郊的凉亭，逐渐成了送别之所。古代戏曲小说中也常出现长亭送别这样的场景。《西厢记》中就有这样一幕：

    （夫人、长老上云）今日送张生赴京，十里长亭，安排下筵席；我和长老先行，不见张生、小姐来到。（旦、末、红同上）（旦云）今日送张生上朝取应，早是离人伤感，况值那暮秋天气，好烦恼人也呵！悲欢聚散一杯酒，南北东西万里程。

  随着人们情感的注入，亭子被人们安置在园林中，既是观景的场所，其自身也成了重要的风景。苏舜钦为了表达自己高洁的志向，在定居苏州后，营建一处园林，从"沧浪之水清兮可以濯我缨，沧浪之水浊兮可以濯我足"取意，命名为沧浪亭，且园中也建了一座同名的凉亭，矗立在小丘之上，站在亭中恰好环视园中四周的景色。

  当然，亭子作为建筑，还有其他的用途，比如，建在水井之上，就成了井亭（图1-54）。这样，空中的脏东西、雨水等就不会再掉到井里污染水质。在古代，井旁往往是人们拉家常、传递消息的重要场所。建一座井亭，人们就可以更舒适地坐在井旁聊天，避免了日晒雨淋。

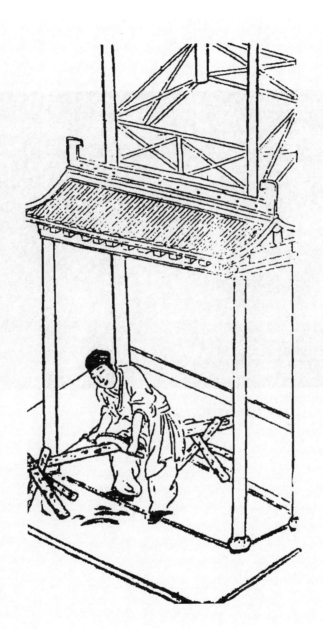

图1-52 《鲁班经》插图

图1-53　明·仇英《清明上河图》中的凉亭

悦若丧刀头不若丧

在污泥也

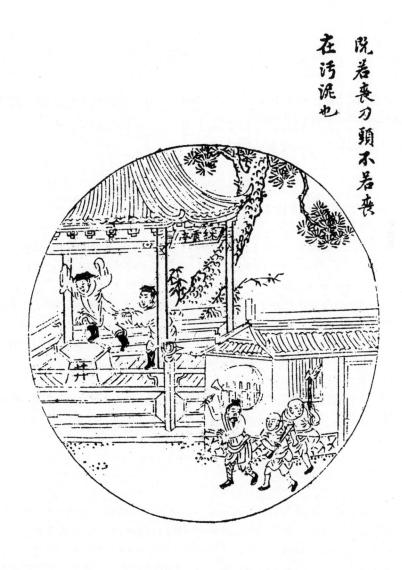

图1-54　明崇祯《二奇缘传奇》版画中的井亭

（二）门类建筑

1.小门[1]式

凡造小门者，乃是冢墓[2]之前所作。两柱前重在屋皮上[3]，出入不可十分[4]，长露出杀[5]，伤其家子媳[6]。不用使木作门蹄[7]，二边使四只将军柱[8]，不宜大[9]高也。

注释

〔1〕小门：此处指墓园的门。

〔2〕冢墓：坟墓。

〔3〕两柱前重在屋皮上：各用两根木材横在屋顶前后两块木板内侧，与之重合。 两柱：横向使用的木材，更像是屋顶的檩条。 前：代指前后。 重：重合，重叠。 屋皮：小门上方的屋顶。

〔4〕出入不可十分：（与屋皮重合的木材的两端）不能太靠外侧，全部露出来。

〔5〕长露出杀：露出来太多会带来灾祸。其实，不让横木露在屋皮外面，具有很重要的实际意义，可以避免雨水的侵蚀，从而延长使用寿命。

〔6〕子媳：子女和媳妇。

〔7〕不用使木作门蹄：不使用木材当作门墩。因为木材在地面容易受潮而腐烂，所以，门墩一般都会采用石材。

〔8〕将军柱：大堂前面两边的大柱子。亦泛指粗大的柱子。

〔9〕大：古通"太"。

补说

正所谓"麻雀虽小，五脏俱全"，此处所说的小门，用于坟墓陵园，自身的木结构虽然简单，但与房屋的梁架结构有着很大的共同之处，都由立柱和檩条组合而成。《鲁班经》中对小门的描述比较简单，甚至一些内容都没有提及，比如小门的高度。小门的屋顶用材较为简陋，因而被称作"屋皮"，不禁让人感觉到它的单薄。屋皮下方的"檩条"比屋皮短，不能伸出屋皮，这种样式类似于建筑中的悬山顶。门蹄就是建筑中的柱础，起到防潮的作用，所以不能使用木材，而应该选用石材。总之，虽为小门，但古代工匠依然注意到了材料的合理使用。

在古代，很多住宅的门与这种"小门"的样式相同或相似。清康熙《扬州梦》版画中，宅院之门的样式与《鲁班经》中的"小门"基本相同，区别只是使用了两根立柱，而非四根（图1-57）。

诗曰：

　　枷梢门[1]屋有两般[2]，方直尖斜一样言[3]。

　　家有奸伦夜行子，须防横祸及遭官[4]。

注释

　　[1]枷梢门：形状如同刑具枷锁一样的门。　　枷梢：刑具，枷锁。

　　[2]两般：两种样式，具体形状为下句诗中所说的"方直"和"尖斜"。

　　[3]一样言：指带有同样的含义，即后两句诗文中提及的祸患。

　　[4]遭官：吃官司。

诗曰：

　　此屋分明端正奇[1]，暗中为祸少人知。

　　只因匠者多藏素[2]，也是时师[3]不细详。

　　使得家门长退落[4]，缘他屋主大限衰[5]。

　　从今若要儿孙好，除是从头改过为[6]。

注释

　　[1]端正奇：端正，整齐。　　奇：通"齐"。

　　[2]素：带有字迹的丝绸或纸张，此处指画有符咒的纸条或图案。

　　[3]时师：工头，指导、监督工程施工的人。

　　[4]退落：门庭衰落，家门败落。

　　[5]大限衰：大幅度地萎靡衰落。　　限：通"萎"，萎靡。

　　[6]从头改过为：指拆掉重建。

补说

　　此处诗句意在强调工程监督，需要留意工匠的行为，并非专指门的修造，当是书籍的编者放错了位置。工程监督是古代建筑活动中的一项重要工作，是对房屋质量的保证。匠人若不按要求施工，即使外观看上去很不错，但一些细节之处不易察觉，若出了问题，依然会影响房屋质量，甚至导致整个工程的损坏。至于门庭衰落，应当是为了起到足够的警示作用而故意夸大。

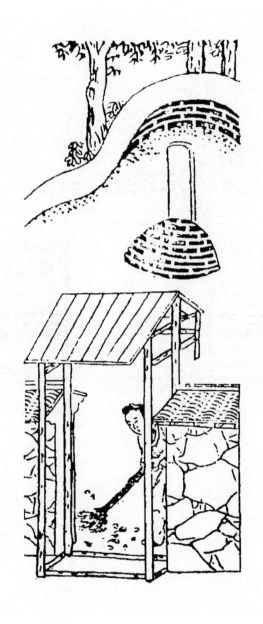

图1-55 《鲁班经》插图　小门式

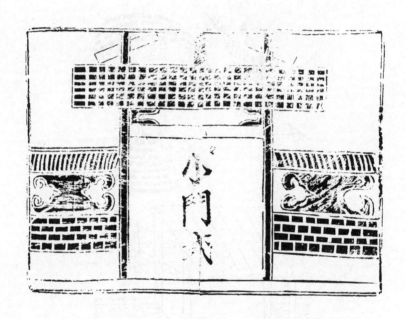

图1-56 天一阁藏《新编鲁般营造正式》插图 小门式

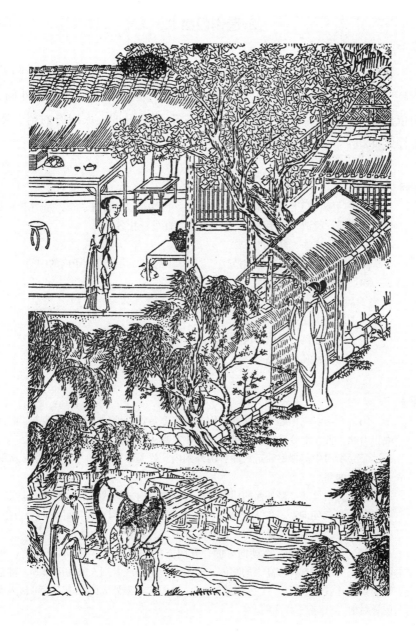

图1-57　清康熙《扬州梦》版画中的门

2.造作门楼[1]

新创屋宇开门之法[2]：一自外正大门而入，次二重较门[3]。则就东畔开吉门，须要屈曲[4]，则不宜大[5]直。内门不可较大[6]外门，用依此例[7]也。大凡[8]人家外大门，千万不可被人家屋脊对射，则不祥之兆也。

注释

[1]门楼：门上带屋顶，似房间的门。门楼是汉族传统建筑，是一户人家贫富的象征，所谓"门第等次"即为此意。此处泛指各种门。

[2]开门之法：开门的方法。

[3]次二重较门：其次建造比（大门）小的门，可能是院子内的中门。

[4]屈曲：曲折，弯曲。

[5]大：太。

[6]较大：比……大。

[7]用依此例：要依照这些方法。 例：法则，方法。

[8]大凡：凡是，总。

补说

门，在宅院之中起到门面的作用，是家庭身份、地位、品德等多方面的体现。由此，古人十分重视门的建造。此处主要从四个方面做了说明：

一、新房中门楼的建造次序：由外到内。先是最外面的正门，然后依次深入到院落内部。

二、大门尺寸：最外面的门尺寸最大，院落内部的门要小一些。

三、开门朝向：一般人家而言，以东方、南方这两个向阳的方向为吉方，但在实际中，基本不选择正东、正南的方向，需要有一定的偏角。

四、门外的环境：在朝向方面，开门方向一般是向阳的，便于采光。然而，如果门的前方有较高大的物体，如山石、土丘或者别人家的屋脊等，都会影响到采光效果。所以，《鲁班经》中说："大凡人家外大门，千万不可被人家屋脊对射。"这是不祥之兆。

1-58 明·仇英《清明上河图》局部

3.论起厅堂[1]门例

或起大厅屋，起门须用好筹头向[2]。或作槽门[3]之时，须用放高，与第二重门同。第三重却就栿柁[4]起，或作如意门[5]，或作古钱门[6]与方胜门[7]，在主人意爱[8]而为之。如不做槽门，只做都门、作胡字门[9]，亦佳矣。

诗曰：

大门安者莫在东，不按仙贤法一同。

更被别人屋栋[10]射[11]，须教祸事又重重。

注释

〔1〕厅堂：泛指房屋。

〔2〕好筹头向：筹划好门的朝向。 好筹：即筹好，筹划好。 头向：门的方向，朝向。

〔3〕槽门：指带有门洞的门，门洞如同凹槽。

〔4〕栿柁：房架前后两根柱子之间的大横梁。 栿：房梁。 柁：房柁。

〔5〕如意门：以如意纹饰装饰的门板（图1-59和图1-60）。

〔6〕古钱门：以古钱纹饰装饰的门板。

〔7〕方胜门：以方胜纹饰装饰的门板。

〔8〕意爱：心中喜爱。

〔9〕胡字门：或为"胡子"门，即八字形，门两侧墙壁向外伸展（图1-61）。

〔10〕屋栋：屋脊。

〔11〕射：对射，相对应，即别人家的屋脊在本家门的前方。

上户[1]门：计六尺六寸；中户[2]门：计三尺三寸；小户[3]门：计一尺一寸；州县寺观门：计一丈一尺八寸阔；庶人门：高五尺七寸，阔四尺八寸；房门：高四尺七寸，阔二尺三寸。

注释

〔1〕上户：指家财富裕的人家。在古代文学作品中也常常用到"上户"一词。明代凌濛初的《初刻拍案惊奇》卷十三有："又只得央中写契借到刘上户银四百两。"《水浒传》第三十三回有："这厮又是文官，又没本事，自从到任，把此间些少上户诈骗。"

〔2〕中户：即拥有中等资产的家庭，经济实力次于上户。清代张新标《派夫行》中有："上户买脱中户随，寂寥穷巷悲何极。"

〔3〕小户：财力在中户之下的家庭。《宋史·高宗纪七》记载："三月丁丑，雨雹。丁亥，蠲江、浙、荆湖等路中户以下积年逋负。"面对大雨冰雹这样的自然灾害，上户、中户因为平常储存了大量的钱粮，可以比较轻松地度过荒年。然而，小户能力有限，即使在丰年也不会有多少存粮，所以他们很多时候没有能力自度灾荒。

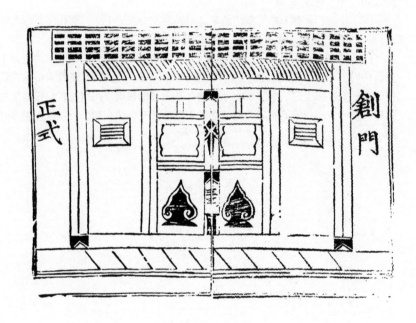

正式　　　　　　　　　　　　　　　　創門

图1-59　天一阁藏《新编鲁般营造正式》插图　创门正式　门上装饰了如意图案

图1-60 明万历《画意西厢记》插图 带有如意纹的厅门

图1-61　明万历《昆仑奴》版画中的宅门　门两侧墙壁呈八字形

4.修门方位和时间选择

春不作东门，夏不作南门，秋不作西门，冬不作北门。

债不星逐年定局方位

戊癸年〖坤庚方〗，甲巳年〖占辰方〗，乙庚年〖兑坎寅方〗，丙辛年〖占午方〗，丁壬年〖乾方〗。

债不星逐月定局

大月：初三、初六、十一、十四、十九、廿二、廿七〖日凶〗。

小月：初二、初七、初十、十五、十八、廿三、廿六〖日凶〗。

庚寅日：门大夫死甲巳日六甲胎神〖占门〗。

塞门吉日：宜伏断、闭日，忌丙寅、己巳、庚午、丁巳。

红嘴朱雀日：庚午、己卯、戊子、丁酉、丙午、乙卯。

修门杂忌

九良星年：丁亥，癸巳占大门；壬寅、庚申占门；丁巳占前门；丁卯、己卯占后门。

丘公杀：甲巳年占九月，乙庚占十一月，丙辛年占正月，丁壬年占三月，戊癸年占五月。

逐月修造门吉日

正月癸酉，外丁酉。二月甲寅。三月庚子，外乙巳。四月甲子、庚子，外庚午。五月甲寅，外丙寅。六月甲申、甲寅，外丙申、庚申。七月丙辰。八月乙亥。九月庚午、丙午。十月甲子、乙未、壬午、庚子、辛未，外庚午。十一月甲寅。十二月戊寅、甲寅、甲子、甲申、庚子，外庚申、丙寅、丙申。

右吉日不犯朱雀、天牢、天火、烛火、九空、死气、月破、小耗、天贼、地贼、天瘟、受死、冰消瓦陷、阴阳错、月建、转杀、四耗、正四废、九土鬼、伏断、火星、九丑、灭门、离窠、次地火、四忌、五穷、耗绝、庚寅门、大夫死日、白虎、炙退、三杀、六甲胎神占门，并债木星为忌。

门光星

大月从下数上，小月从上数下。

白圈者吉，人字损人，丫字损畜。

门光星吉日定局

大月：初一、初二、初三、初七、初八、十二、十三、十四、十八、十九、二十、廿四、廿五、廿九、三十日。

小月：初一、初二、初六、初七、十一、十二、十三、十七、十八、十九、廿三、廿四、廿八、廿九日。

总论

论门楼，不可专主《门楼经》《玉辇经》，误人不浅，故不编入。门向须避直冲、尖射、砂水、路道、恶石、山坳、崩破、孤峰、枯木、神庙之类，谓之乘杀入门，凶。宜迎水、迎山，避水斜割。《悲声经》云：以水为朱雀者，忌夫湍。

论黄泉门路

天机诀云：庚丁坤上是黄泉，乙丙须防巽水先，甲癸向中休见艮，辛壬水路怕当乾。犯主枉死少丁，杀家长，长病忤逆。

庚向忌安单坤向门路水步，丙向忌安单坤向门路水步，乙向忌安单巽向门路水步，丙向忌安单巽向门路水，甲向癸向忌安单艮向门路水步，辛壬向忌安单乾向门路水步。其法乃死绝处，朝对官为黄泉是也。

诗曰：

一两栋檐水流相射，大小常相骂。

此屋名为暗箭山，人口不平安。

据仙贤云：屋前不可作栏杆，上不可使立钉，名为暗箭，当忌之。

郭璞相宅诗三首

屋前致栏杆，名曰纸钱山。

家必多丧祸，哭泣不曾闲。

门高胜于厅，后代绝人丁。

门高过于壁，其家多哭泣。

门扇两楞欺，夫妇不相宜。

家财当耗散，真是不为量。

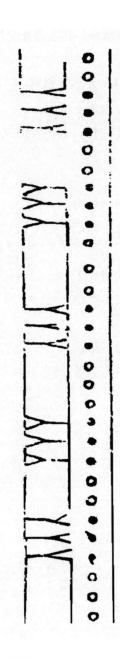

图1-62 《鲁班经》插图 门光星

（三）王府宫殿

　　凡做此殿，皇帝殿九丈五尺高，王府七丈高。飞檐[1]找角，不必再白。重拖五架，前拖三架[2]。上截[3]升拱天花板[4]，及地量至天花板，有五丈零三尺高。殿上住[5]头七七四十九根，余外不必再记，随在加减[6]。中心两柱八角[7]，为之天梁[8]辅佐。后无门[9]，俱大厚板片进金上[10]，前无门，俱挂朱帘[11]。左边立五官，右边十二院[12]，此与民间房屋同式，直出明律[13]。门有七重[14]，俱有殿名，不必载之。

注释

　　〔1〕飞檐：我国传统建筑檐部形式，屋檐特别是屋角的檐部向上翘起。

　　〔2〕重拖五架，前拖三架：在正架的后方添加五架，在前方添加三架。　重：据后半句之"前"推测，或应为"后"。　拖：增加，添加。在前文梁架结构中多次出现。

　　〔3〕上截：房屋的上部。

　　〔4〕天花板：古代也称"承尘""平棊"等，架设在明栿之上，屋顶用带有装饰的木板隔开，站在室内只能看到明栿和天花板，天花板之上则采用草架（未经精细修饰的屋架）承托重量。天花板具有多种功能，屋顶与天花板之间形成一个空间，起到了隔热的作用，使室内温度更加恒定，冬季不会太冷，夏季不会太热。天花板作为中间隔层，阻隔了上方灰尘的掉落。同时，天花板在加上花纹后，具有很好的装饰性。

　　〔5〕住：应为"柱"之误。

　　〔6〕随在加减：随着具体需要进行增减。

　　〔7〕八角：八棱，八边形。

　　〔8〕天梁：算命术语，是紫微斗数十四主星中的一颗。天梁星主寿、主贵，具有逢凶化吉、遇难呈祥的力量。此处形容最重要的房梁。

　　〔9〕无门：应为"虎门"，指堂下周围的走廊、廊屋上的门。

　　〔10〕俱大厚板片进金上：都是很厚的木板嵌在金柱之上。　金：金柱。

　　〔11〕朱帘：或为"珠帘"，由琉璃珠之类串成的门帘。

〔12〕左边立五官，右边十二院：在宫殿的左侧设立五行之官，右侧建造十二院。

〔13〕明律：明代制定的有关建筑的律法。此处也是《鲁班经》成书于明代的一个佐证。

〔14〕门有七重：应指左右宫院有七重门。

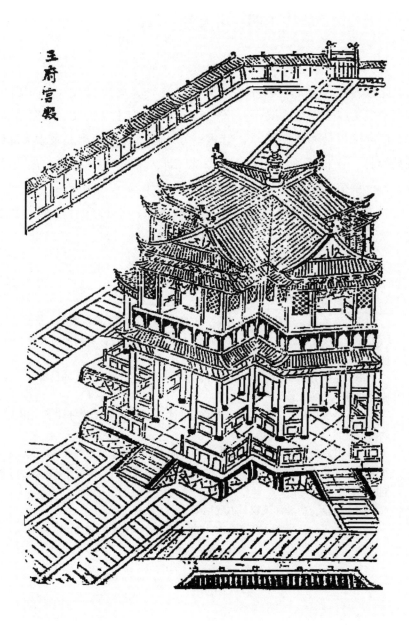

图1-63 《鲁班经》插图　王府宫殿

（四）司天台[1]式

此台在钦天监[2]。左下层土砖石之类[3]，周围八八六十四丈阔，高三十三丈，下一十八层，上分三十三层，此应上观天文，下察地利。至上层周围俱是冲天栏杆[4]，其木里方外圆[5]，东西南北及中央立起五处旗杆，又按天牌二十八面，写定二十八宿星主，上有天盘[6]流转，各位星宿吉凶乾象。台上又有冲天一直平盘[7]，阔方圆一丈三尺，高七尺，下四平脚穿枋串进，中立圆木一根，斗上[8]平盘者，盘能转，钦天监官每看天文立于此处。

注释

〔1〕司天台：用于监测天象的高台。

〔2〕钦天监：明清两代管理天文气象的机构。掌管观察天象、推算节气、历法等事。秦汉时由太史令管天象历法，唐朝为司天台，宋元为司天监，明清称钦天监。

〔3〕左下层土砖石之类：在下层（垒砌的）是土、砖石之类的材料。　　左：应为“在”之误。

〔4〕冲天栏杆：司天台顶层边沿的护栏。　　冲天：指栏杆柱子“出头”，朝向天空。

〔5〕其木里方外圆：将用于制作栏杆的木材处理成里方外圆的形式，应是我国传统文化中“象天法地”思想的表现，与古代铜钱外圆内方的形式具有相同的性质。

〔6〕天盘：应为浑天仪，古代用于演示天象的仪器。

〔7〕冲天一直平盘：高高在上、冲向天空的一个平整的盘子。

〔8〕斗上：拼合上，组装在一起。

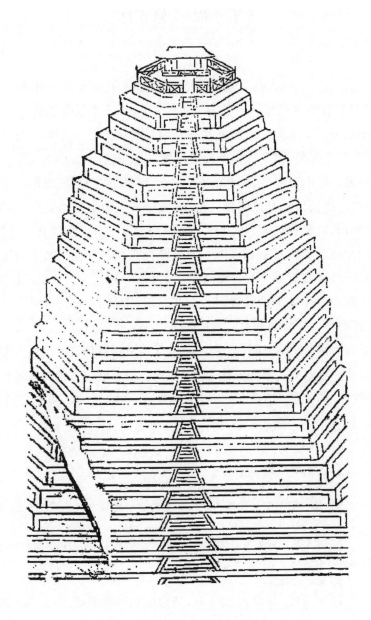

图1-64 《鲁班经》插图　司天台式

（五）妆[1]修正厅

左右二边[2]四大孔[3]水椹板[4]，先量每孔多少高，带磉[5]至一穿枋[6]下有多少尺寸。可分为上下[7]，一半下水椹带腰枋[8]，每矮九寸零三分[9]，其腰枋只做九寸三分。大抱柱线[10]，平面九分，窄上五分[11]，上起荷叶线[12]，下起棋盘线[13]。腰枋上面亦然九分，下起一寸四分，窄面五分[14]。下贴地栿[15]，贴仔[16]一寸三分厚，与地栿盘厚[17]。中间分三孔或四孔[18]，橄枋仔[19]方圆一寸六分，斗尖[20]一寸四分长。前楣后楣[21]比厅心每要高七寸三分，房间光显冲栏[22]二尺四寸五分，大厅心门框一寸四分厚，二寸二分大，底下四片，或下六片，尺寸要有零。子舍箱间[23]与厅心一同尺寸，切忌两样尺寸，人家不和。厅上前眉两孔做门，上截亮格[24]，下截上行板[25]。门框起聪管线[26]，一寸四分大，一寸八分厚。

正堂妆修与正厅一同，上框门尺寸无二，但腰枋带下水椹，比厅上尺寸每矮一寸八分。若做一抹光[27]水椹，如上框门，做上截起棋盘线或荷叶线，平七分，窄面五分，上合角贴仔一寸二分厚，其别雷同。

注释

〔1〕妆：通"装"。

〔2〕左右二边：正厅的左右两边。

〔3〕孔：梁架中，相邻两柱与上方的梁和地面之间组成的矩形空间为一孔。

〔4〕水椹板：或为《营造法式》中的"障水板"，房屋内部间与间之间的分隔板，安装在屋架的柱子之间。

〔5〕磉：柱础。

〔6〕一穿枋：梁架中，位于最下方的连接柱头的横梁。　一穿：因为这根梁比较长，能够直接连接几根柱子，故称为"一穿"。

〔7〕可分为上下：可以分成上下两个部分。

〔8〕腰枋：位于每一"孔"的中间位置的横木，既是对上下两个空间的分隔，也对水椹板起到加固作用。腰枋的厚度大于上下两部分的水椹板的厚度。

〔9〕每矮九寸零三分：每块水椹板的高度是九寸零三分。"每"字在一定程度上说明，在中部腰枋的上部和下部，都是由多块水椹板与之平行拼合在一起，组成一个类似墙壁的平面。

〔10〕大抱柱线：或为"大抱柱板"，位于柱子左右两侧的木板，用于固定柱子之间的水椹板和中间的腰枋。

〔11〕平面九分，窄上五分：抱柱板长为九分，厚度为五分。高度应该是横梁到地面的距离，故未再做说明。

〔12〕荷叶线：木板的线脚，应当如同荷叶的边沿，具有曲折的线条。

〔13〕棋盘线：木板的线脚，应是像棋盘一样笔直的线条。

〔14〕腰枋上面亦然九分，下起一寸四分，窄面五分：中部腰枋上面的大抱柱板宽度也是九分，只是在下方有一段宽度为一寸四分，起到类似牙板的作用。厚度依然是五分。

〔15〕地栿：屋架地面处，两根柱子之间较为粗大的木材，起到承托、加固上方水椹板的作用。

〔16〕贴仔：木板，据文意可知位于地栿的上面。

〔17〕与地栿盘厚：（贴仔）与地栿一样厚。　盘：或为"般"之误，一样。

〔18〕中间分三孔或四孔：在（贴仔）上开三个或四个孔。

〔19〕檄枋仔：位于一穿枋下方，用于固定水椹板的木材。

〔20〕斗尖：用于加固的短木，一部分插入贴仔的孔中。

〔21〕前楣后楣：正厅前方和后方的门梁。

〔22〕光显冲栏：阳光能够透过门上方的亮格照进室内。　栏：指门上方透光的亮格，类似于现代门上方的"亮子"，其宽度与门的宽度相同。据文中所给尺寸可知，亮格的宽度为二尺四寸五分，合78.4厘米，这个尺寸也符合一扇门的宽度。

〔23〕子舍箱间：正厅两侧的房间。

〔24〕上截亮格：上半部分做成透光的窗户。

〔25〕下截上行板：下半部分装上门板。　行板：平行排列的木板。

〔26〕聪管线：疑为"葱管线"，一种圆柱形的线条。

〔27〕一抹光：连成一片，代指光滑的平板。

图1-65 《鲁班经》原图 装修正厅

图1-66　宋·佚名《女孝经图》局部

　　正厅与两侧房间隔开，从画面中可以看到竖向排列的线条，应是示意房间是由多块木板竖向拼接形成的墙壁隔开的。

（六）寺观庵堂庙宇式

　　架学造^[1]寺观等，行人门^[2]身带斧器，从后正龙^[3]而入，立在乾位^[4]，见本家人出，方动手。左手执六尺^[5]，右手拿斧，先量正柱^[6]，次首^[7]左边转身柱，再量直出山门外止，叫伙同人^[8]。起手^[9]右边上一抱柱^[10]，次后不论^[11]。大殿中间，无水椹，或栏杆斜格^[12]，必用粗大，每算正数^[13]，不可有零。前栏杆^[14]三尺六寸高，以应天星^[15]。或门及抱柱，各样要算七十二地星^[16]。庵堂庙宇中间水椹板，此人家水椹每矮一寸八分起线，抱柱尺寸一同，已载在前，不白。或做门，或亮格，尺寸俱矮一寸八分。厅上宝桌^[17]三尺六寸高，每与转身柱一般长，深四尺，面前叠方三层^[18]，每退墨一寸八分，荷叶线下两层花板，每孔要分成双。下脚，或雕狮象挖脚^[19]，或做贴梢^[20]，用二寸半厚，记此。

注释

　　〔1〕架学造：学习建造。
　　〔2〕行人门：从"人门"进入。　　人门：指代方位，位于西南方。
　　〔3〕正龙：堪舆中所说的整个龙脉的主干。
　　〔4〕乾位：指西北方。
　　〔5〕六尺：概说木工用到的各种工具尺。
　　〔6〕正柱：建筑中居于中心的最高的柱子。
　　〔7〕次首：第二，其次。
　　〔8〕叫伙同人：叫一同工作的工匠伙伴进入寺观。
　　〔9〕起手：最先着手做的。
　　〔10〕上一抱柱：安装上抱柱板。　　上：安上，安装。　　抱柱：抱柱板。
　　〔11〕次后不论：这之后不分前后顺序。
　　〔12〕或栏杆斜格：如果用栏杆分隔（空间）。　　斜：或为"切"之误。
　　〔13〕正数：整数。
　　〔14〕栏杆：起到围挡作用的栏杆。

〔15〕以应天星：以便和天上的星象相对应。结合前句之"三十六"，应指天上的三十六天罡星。

〔16〕七十二地星：即七十二地煞星。在道教文化中，北斗丛星中的三十六颗天罡星上各有一个神，合称"三十六天罡"；七十二颗地煞星上分列七十二个神，合称"七十二地煞"。相传，三十六天罡、二十八宿、七十二地煞常会一同降妖伏魔。这正与出家之人以降妖除魔为己任的观念相同。

〔17〕宝桌：供奉神灵的桌子。

〔18〕面前叠方三层：桌沿部位向内分三次收缩，呈阶梯状。

〔19〕狮象挖脚：把桌脚雕刻成狮子或大象的形状。狮和象在宗教观念中被视作神兽，是寺庙道观中经常出现的形象。　挖：同"拖"。

〔20〕贴梢：拖泥。与卷二家具部分常出现的"贴子"意思相同。

图1-67 《鲁班经》插图 寺观庵堂

图1-68　明万历《双鱼记》版画中的供桌

（七）妆[1]修祠堂[2]式

　　凡做祠宇为之家庙，前三门[3]，次东西走马廊[4]，又次之大厅[5]，厅之后明楼茶亭，亭之后即寝堂。若妆修自三门做起，至内堂止。中门开四尺六寸二分阔，一丈三尺三分高，阔合得长天尺[6]，方在义、官位上。有等[7]说官字上不好安门，此是祠堂，起不得官、义二字。用此二字，子孙方有发达荣耀。两边耳门[8]三尺六寸四分阔，九尺七寸高大，吉、财二字上，此合天星吉地德星，况中门两边俱后[9]格式。家庙不比寻常人家，子弟贤否，都在此处种秀[10]。又且寝堂及厅两廊至三门，只可步步高[11]，儿孙方有尊卑，毋小期大之故，做者深详记之。

　　妆修三门，水槛城板下量起[12]，直至一穿[13]上平分上下一半，两边演开八字[14]，水槛亦然。如是大门二寸三分厚，每片用三个暗串[15]，其门笋要圆，门斗要扁，此开门方响为吉。两廊不用妆架[16]。厅中心四大孔，水槛上下平分，下截每矮七寸，正抱柱三寸六分大，上截起荷叶线，下或一抹光，或斗尖的，此尺寸在前可观。厅心门不可做四片，要做六片吉。两边房间及耳房可做大孔，田字格或窗齿可合式，其门后楣要留[17]，进退有式。明楼不须架修[18]。其寝堂中心不用做门，下做水槛带地栿，三尺五高，上分五孔，做田字格，此要做活的，内奉神主祖先，春秋祭祀，拿得下来。两边水湛[19]前有尺寸，不必再白。又前眉做亮格门，抱柱下马蹄抱住[20]，此亦用活的，后学观此，谨宜详察，不可有误。

注释

　　〔1〕妆：通"装"。
　　〔2〕祠堂：家族中供奉祖先，举办宗族活动的场所。
　　〔3〕前三门：最前方是三门。　三门：大门，由中间的中门和两侧的二

门共同组成。

〔4〕次东西走马廊：其次是东西两侧的走廊。

〔5〕又次之大厅：再之后是大厅。

〔6〕阔合得长天尺："天尺"应为"般尺"之误。句意为门阔的尺寸长度与鲁班尺吉位相合。

〔7〕有等：有一些人。

〔8〕耳门：中门左右两侧的小门。尺寸比中门小。

〔9〕后：应为"合"之误，符合。

〔10〕种秀：生长发达。　种：种子，源头。　秀：茂盛，繁茂。

〔11〕只可步步高：只能是（由前到后）一步一步升高。

〔12〕水槏城板下量起："城"应为"从"之误，意为水槏板要从下方量起。

〔13〕一穿：即一穿枋，位于门的上方，起支撑作用的横梁。

〔14〕两边演开八字：两边向两侧分开成"八字"形。

〔15〕暗串：将木板拼接成宽大门板的榫卯，因不易被看出，称为"暗串"。

〔16〕两廊不用妆架：两侧的走廊不用装修。

〔17〕其门后楣要留：屋后眉梁下方要留门。

〔18〕明楼不须架修：明楼不需要装修。

〔19〕水湛：应为"水槏"，即水槏板。

〔20〕抱住：抱柱板。在柱子两侧的木板。

补说

在我国古代，祠堂是一种极其重要的建筑类型，除了用来供奉和祭祀祖先，还有许多用处。祠堂是族长行使族权的地方，凡族人违反族规，都要在这里接受处罚和教育，严重者甚至要在这里被逐出祠堂，所以它也可以说是封建道德的法庭；祠堂也可以作为家族的社交场所；有的祠堂附有学校，族人子弟就在这里上学。

正因为这样，祠堂建筑一般都比民宅建筑规模大、质量好，越有权势和财势的家族，他们的祠堂往往越讲究，高大的厅堂、精致的雕刻纹饰、上等的木材用料，成为这个家族光宗耀祖的一种象征。

祠堂的形制，从《鲁班经》的描述来看，是一个两进宅院，由大门进入院内，两侧为走廊，正前方为厅，穿过厅可以看到凉亭茶楼，凉亭之后是供奉先人的寝堂。明万历年间的《王公忠勤录》中有《忠勤祠图》一幅，展现了明代比较大型的祠堂的布局特征，整体类似于一座宅院，形制基本与《鲁班经》中的祠堂一致，只是前后院之间的厅变成了门，左右两侧的廊道变成了房间（图1-70）。

　　《东庄图册》是沈周为好友吴宽所画，"续古堂"作为其中之一，所画内容是吴氏的祠堂（图1-71）。吴俨曾写有《东庄十八景为匏庵先生赋》，是十八首歌咏吴宽东庄的诗作，其中有关"续古堂"的是："古人已云祖，今人思继武。应知后来人，要以今为古。"点明了"续古堂"作为祠堂追忆先祖的作用，同时也表达了对古今之变的哲思。祠堂中间悬挂着画像，应是吴氏的祖先。画像左右两侧，应是两扇敞开的小门，可以开合，即《鲁班经》中所说的"活的"。在平常不祭祀的时候，这两扇小门应该是处于关闭状态。此处仅供奉了一位祖先，而《鲁班经》中说要"分五孔"，应指有五个这种内部摆放画像或牌位的空间，且都配有可开合的门扇。画像前方为供桌，与《鲁班经》中相同，仅桌案样式存在区别。

　　正常情况下，祠堂都是为故去之人建造的。然而，在明代历史上魏忠贤建生祠一事曾引起轰动。很多人迫于魏忠贤势力的压迫，不得已去逢迎，同时，也有一些钻营之人投其所好，最终成为历史的笑柄（图1-72）。

图1-69 《鲁班经》插图　祠堂

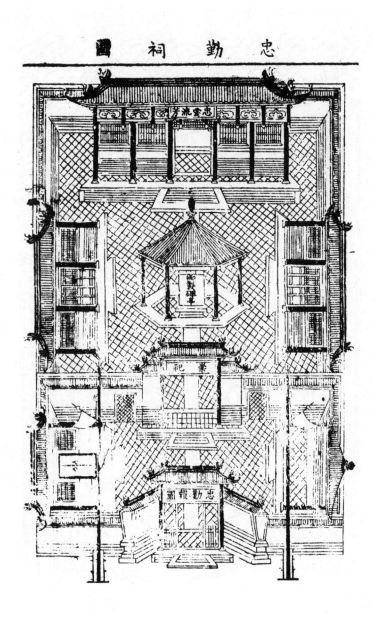

图1-70 明万历《王公忠勤录》插图 忠勤祠图

图1-71 明·沈周《东庄图册》之续古堂

图1-72　明崇祯《喜逢春》中的版画《奏建生祠》

（八）神厨搽[1]式

下层三尺三寸[2]，高四尺。脚，每一片三寸三分大，一寸四分厚。下锁脚方[3]一寸四分大，一寸三分厚，要留出笋[4]。上盘仔二尺二寸深[5]，三尺三寸阔，其框[6]二寸五分大，一寸三分厚，中下两串[7]，两头合角与框一般大，吉。角止佐[8]半合角，好开柱[9]。脚相[10]二个，五寸高，四分厚，中下土厨[11]只做九寸[12]，深一尺。窗齿栏杆[13]，止好下五根[14]，步步高。上层，柱四尺二寸高，带岭[15]在内，柱子方圆一寸四分大，其下六根，中两根，系交进的，里半[16]做一尺二寸深，外空一尺。内中[17]或做二层，或做三层，步步退墨。上层，下散柱二个，分三孔[18]，耳孔只做六寸五分阔，余留中上。拱梁二寸大，拱梁上方梁一尺八大，下层下曜眉勒水。前柱磉一寸四分高，二寸二分大，雕播荷叶。前楣带岭八寸九分大，切忌大了不威势。上或下火熘屏[19]，可分为三截，中五寸高，两边三寸九分高，余或主家用大用小，可依此尺寸退墨，无错。

注释

〔1〕神厨搽：摆放神像的神龛。　神厨：亦作"神橱"，安置神像的立柜。一般由神龛及其下面的柜子两部分组成。　搽：本指用粉末、油类等涂抹手、脸等部位，此处表示对神灵的恭敬。

〔2〕下层三尺三寸：下层的长（面阔）为三尺三寸。

〔3〕锁脚方：用于加固"脚"的木材构件。

〔4〕笋：通"榫"。

〔5〕深：进深，由前至后的距离。

〔6〕框：盘子四周的边框，一般会采用更粗大的木条。

〔7〕中下两串：上下两层串连组合在一起。

〔8〕止佐：通"只做"。

〔9〕开柱：在梁上开洞，以便与别的木构件连接。

〔10〕脚相：即脚箱，位于下方的屉板。

〔11〕土厨：位于脚箱中，应为抽屉。

〔12〕九寸：长度（面阔）为九寸。

〔13〕窗齿栏杆：像窗户齿子一样（透光）的围栏。

〔14〕止好下五根：只适合安装五根。　止：通"只"。

〔15〕岭：神厨顶部，类似屋脊的位置。

〔16〕里半：靠近内侧的一半空间。

〔17〕内中：即上句中"里半"所指的空间。

〔18〕分三孔：（两根柱子）分隔出的三个空间。如同"三门"，分为中门以及两侧的耳门。

〔19〕火�屏：小屏风。

图1-73　清·李渔《奈何天》版画　神龛

（九）营寨^[1]格式

立寨之日，先下累杆^[2]，次看罗经，再看地势山形生绝之处，方令木匠伐木。踃定^[3]里外营垒。内营方^[4]用厅者，其木不俱大小^[5]，止^[6]前选定二根，下定前门，中五直木，九丈为中央主旗杆，内分间架，里外相串^[7]。次看外营周围，叠分金木水火土，中立二十八宿，下"休生伤杜景死惊开^[8]"此行文，外代木交架而下，周建禄角旗枪之势^[9]，并不用木作之工。但里营要刨砍找接下门之劳^[10]，其余不必木匠。

注释

〔1〕营寨：古代军队驻扎的营寨。

〔2〕累杆：应与罗经（罗盘）相似，用于测定方位、吉凶的工具。

〔3〕踃定：以步为单位，踏步定出内营和外营的尺度。　踃：应为"踏"之误，意为踏步，踩踏。此处指以"步"为单位，确定营寨的范围。营寨面积较大，以"步"为单位既有效率，也能达到一定的准确性。

〔4〕方：如果，假如。

〔5〕不俱大小："俱"应为"拘"之误，即不在乎大小。军队野外行军，只能就地取材，故对木材要求较低。

〔6〕止：仅仅。突显前门选用的两根木料较为重要。

〔7〕里外相串：间与间之间相互连通。

〔8〕休生伤杜景死惊开：此为奇门遁甲之八门。

〔9〕势：应为"事"，即工匠之事。

〔10〕但里营要刨砍找接下门之劳：除了里营那些刨、砍和连接下门这样的事情。　但：除了……之外。

图1-74 《鲁班经》插图　营寨格式

（十）凉亭[1]水阁[2]式

妆修[3]四围栏杆，靠背[4]下一尺五寸五分高，坐板一尺三寸大[5]，二寸厚。坐板下或横下板片，或十字挂栏杆上。靠背一尺四寸高，此上靠背尺寸在前不白。斜[6]四寸二分方好坐。上至[7]一穿枋[8]做遮阳[9]，或做亮格门[10]。若下遮阳，上油一穿[11]，下离一尺六寸五分是遮阳[12]。穿枋三寸大，一寸九分原[13]。中下二根斜的[14]，好开光窗。

注释

〔1〕凉亭：传统木结构单体建筑之一。修建在路旁供行人休息的小亭子。

〔2〕水阁：靠近水的楼阁。此处正文以介绍水阁做法为主。

〔3〕妆修：即"装修"。

〔4〕靠背：供人依靠的栏杆，江南地区常称之为美人靠。

〔5〕坐板一尺三寸大：供人坐的木板的宽度为一尺三寸。

〔6〕斜：靠背多向外侧倾斜一定的角度，当人倚靠时会感觉更加舒适，同时，弯曲倾斜的靠背更具美感。

〔7〕至：到达。

〔8〕一穿枋：在梁架结构中柱子上方距离地面最近的横梁。在水阁檐部的下方，一般为方形木材，两端穿插在临近的两根柱子上。

〔9〕遮阳：古代遮阳主要有两种方式，一是延长房屋的挑檐，遮阳可以避免夏季阳光射入屋内；另一种方法是使用支摘窗—— 一种可以支起、摘下的窗子，在明清时期使用比较广泛。根据下文内容，此处遮阳所指应为支摘窗。

〔10〕亮格门：只有门框，中间没有门板的门。　　亮格：中空，透光。

〔11〕上油一穿：从"一穿枋"处开始。　　油：或为"由"之误，意为从。

〔12〕下离一尺六寸五分是遮阳：安装人工编织的宽度为一尺六寸五分的席子作为遮阳。　　下：安装。　　离：应为"篱"之误，指人工编织的席子，通过延长屋檐而起到遮挡的作用。

〔13〕原：应为"厚"之误。

〔14〕中下二根斜的：在遮阳中安装两根斜着使用的木棍，用于支起"篱"，成为屋檐的外部延伸，同时，因为"篱"被撑起，下方形成了光亮的空间。所以，遮阳的开启和闭合在一定程度上如同窗子的开合。

补说

　　水阁一般临水而建，供人在水边休息和赏景之用。从仇英的《临溪水阁图》(图1-77)中可以看到，水阁位于溪流岸边，邻水处设有围栏，栏下为坐板，一人穿白衣正倚靠着栏杆，侧头观赏溪流美景。在这个人对面，还有一人坐在椅子中，从衣着看，似为主人。在面向溪流的一侧，屋檐处正伸展着遮阳，下方由两根斜立的木棍支撑着。遮阳作为屋檐的延伸，为水阁中的二人遮挡了上方的阳光，使得水阁之中更加凉爽。在《鱼笛图》(图1-78)中，一渔人戴着斗笠，正在小舟中悠闲地吹着笛子。岸边有一水阁，身着白衣的中年男子倚着栏杆眺望水中景色，也许正在倾听远处传来的悠扬笛声。在水阁朝向水面的屋檐处，撑开的遮阳正为水阁之中的男子遮挡着阳光。

　　不过，水阁只能作为赏景、乘凉的临时场所，而不能当作长时间居住的地方。水阁濒临水流，湿气较大，容易滋生蚊虫，另外，当雨季到来时，水位上涨，会对水阁造成危险。

图1-75 《鲁班经》插图 凉亭

图1-76 《鲁班经》插图　水阁

图 1-77　明·仇英《临溪水阁图》局部

图1-78　明·仇英《鱼笛图》局部

新镌工师雕斫正式鲁班木经匠家镜卷之二

（十一）桥梁式

　　凡桥无妆修[1]，或有神厨[2]做，或有栏杆[3]者。若从双日而起，自下而上；若单日而起，自西而东。看屋[4]几高几阔，栏杆二尺五寸高，坐凳一尺五寸高。

注释

　　[1]无妆修：没有任何装饰。　妆：通"装"。
　　[2]神厨：摆放神像的龛盒。
　　[3]栏杆：桥两侧或凉台、看台等边上起拦挡作用的东西。古称阑干，也称勾阑。
　　[4]屋：桥上方的屋子，可以起到遮阳避雨的作用。

补说

　　古代桥梁多种多样，《鲁班经》中将桥分作没有装饰的桥、带有神龛的桥和有栏杆的桥。神龛一般用于供奉与水有关的神仙，人们供奉香火祈求风调雨顺，保护桥梁不被洪水冲毁。从施工角度来看，应当是带有屋顶的廊桥工艺最为复杂，除了桥身、神龛、栏杆之外，还增加了屋顶，甚至还可以添置座椅，远看犹如河面上的房屋。廊桥除了一般桥所具备的功能，还成了人们躲避风雨、观赏景色、夏季消暑的场所。《鲁班经》原图（图1-79）所展示的是一座带顶的廊桥，一人坐在桥上，双手扶着栏杆，正悠闲自得地欣赏着远处的风景。根据河面宽度，廊桥可以造得很长，远远望去如同一条走廊。在《闽中山水图卷》（图1-80）中，一架长桥在河流上方横过，桥上带有屋顶，如同一道长廊跨过河流。
　　桥梁建造是一项大工程，需要众多石匠、木匠等通力合作。在《关帝宝训图说》（图1-81）中描绘了建造桥梁的场景。工人们正在修建的是一座石拱桥，近处三个工人坐在岸上修整石料，旁边两人将修整好的石头运往桥上，桥上还有两人摆放石料。远处的树下，一人跷腿而坐，左手摇着一把展开的折扇，应该是东家正在监督工匠们施工。

图1-79 《鲁班经》插图　桥梁

图1-80 明·项圣谟《闽中山水图卷》局部

图1-81 《关帝宝训图说》 建造桥梁场景

图 1-82　南宋・佚名《明皇幸蜀图》局部
桥上有亭，且中部为两层，似可供人登高眺望。

（十二）郡殿角式

凡殿角[1]之式，垂昂插序[2]，则规横深奥[3]，用升斗拱相称[4]。深浅阔狭，用合尺寸，或地基阔二丈，柱用高一丈，不可走祖。此为大略[5]，言不尽意[6]，宜细详之[7]。

注释

　　[1]殿角：房屋四角上的飞檐翘角。
　　[2]垂昂插序：斗、拱、昂等构件按照一定的顺序穿插组装在一起。
　　[3]规横深奥：不同位置的斗拱摆放方向不同，功能也不同，主要分垂直方向和横向两种。垂直的出跳，横向的不出跳。　　规横：指拱的方向。　　深奥：指出跳和不出跳的拱。
　　[4]用升斗拱相称：前两句中"垂昂插序，则规横深奥"的效果，都是通过升、斗、拱的使用实现的。
　　[5]此为大略：这里说的只是大概。
　　[6]言不尽意：言语并不能解释清楚。
　　[7]宜细详之：适合详细解释一下。

补说

　　根据宋代《营造法式》介绍，斗拱又称枓栱、斗科、槲栌、铺作等。斗为方形，因与古代称量工具斗相似而得名。拱，形状似弓，为长条木。斗与拱组合使用，大斗上架拱，然后拱的两端再放小一点的斗，如此重复。拱分为垂直和横向两个方向。这样就形成了上大下小的托架。为了实现屋角的出跳，昂也是非常重要的构件，它作为斜置的木板，起到杠杆作用。昂首承担屋檐的重量，以柱子和斗拱的承托为支点，与尾部承托的屋顶的重量达到平衡，从而实现屋檐较大距离的出跳。屋檐处的起翘，使得屋顶的雨水在下落过程中滑向远离屋檐的地方；同时，因为屋檐翘起，阳光可以更大范围地照射到屋内，满足人们对光照的需要。

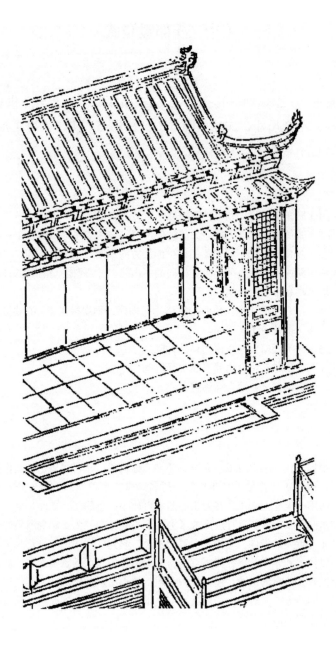

图1-83 《鲁班经》插图　郡殿角式

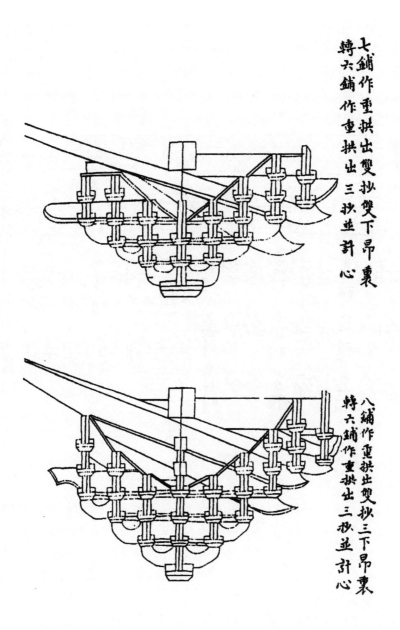

七铺作重栱出双抄双下昂裹
转六铺作重栱出三抄并计心

八铺作重栱出双抄三下昂裹
转六铺作重栱出三抄并计心

图1-84 宋·李诫《营造法式》中的斗栱

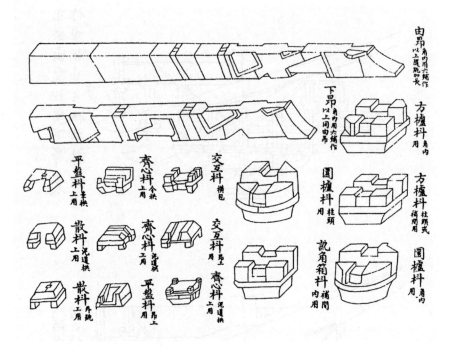

图1-85 宋·李诫《营造法式》中的昂与斗

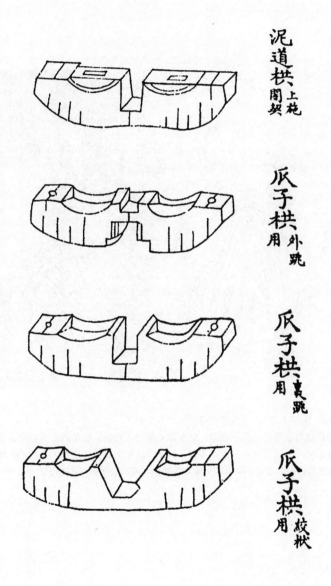

泥道拱 上 闾 椊

㽺子拱 用 外 跳

㽺子拱 用 裏 跳

㽺子拱 用 骹枓

图1-86 宋·李诫《营造法式》中的拱及其用法

图1-87　明万历《玉杵记》中的插图《凭栏忆远》

　　古代亭台楼阁中那些上翘的檐角，之所以能够给人轻盈、优美的感觉，一定程度上得益于通过斗拱的使用，以巧妙的方式，实现了"力"的转化。斗拱是技术与艺术完美融合的载体，古代统治者也借助它在不同阶层中使用的诸多限制，强化自身的权威。

（十三）建钟楼[1]格式

凡起造钟楼，用风字脚[2]，四柱并用浑成梗木[3]，宜高大相称，散水不可大低[4]，低则掩钟声，不响于四方。更不宜在右畔，合在左逐[5]寺廊之下。或有就楼盘[6]，下作佛堂，上作平棊[7]，盘顶结中开楼[8]，盘心透上真见钟[9]，作六角栏杆[10]。则风送钟声，远出于百里之外，则为也[11]。

注释

〔1〕钟楼：旧时城市中设置大钟的楼，楼内按时敲钟报告时辰。

〔2〕风字脚：形状如"风"字，上小下大，上闭下开。

〔3〕梗木：笔直挺立的木头。

〔4〕散水不可大低：从文中含义推测，此处散水指钟楼每层四周伸出的屋檐，雨水经此处斜坡，会下落在与屋脚有一定距离的地面，起到保护墙壁和木柱的作用。从声学的角度考虑，如果散水向下出檐太多，会形成阻碍声音向四方传播的防护罩。因此，散水不能太低。　大：太。

〔5〕左逐：根据前句中的"右畔"推测，此处应为"左边"。"逐"乃"边"之误。

〔6〕就楼盘：与其他功能的楼的顶部结合。　就：将就，凑合，此处意为结合、综合。

〔7〕平棊：为古代天花板吊顶的一种做法，似围棋棋盘。　棊：古同"棋"。

〔8〕盘顶结中开楼：在一楼顶部的正上方开一个与上层相通的洞。

〔9〕盘心透上真见钟：透过一楼顶部可以见到上方悬挂的钟。

〔10〕六角栏杆：用栏杆围成一个六边型（起到保护作用，防止上方东西掉落到一楼）。

〔11〕则为也：可以去做。表示认可。

补说

中国古代钟鼓楼起源于汉代，据史书记载，汉代已有"天明击鼓催人起，入夜鸣钟催人息"的制度。

　　现存的著名钟鼓楼有北京钟鼓楼、西安钟鼓楼、张掖钟鼓楼、泸州钟鼓楼、茂名钟鼓楼、银川钟鼓楼、酒泉钟鼓楼、安阳钟鼓楼、德阳钟鼓楼、盖州钟鼓楼。这些钟鼓楼都处在大都市之中，因为要与城市规模相配合，所以都非常高大。小城市和村庄之中的则会相对矮小。但总体而言，钟鼓楼总是较为高大的建筑，这是由它自身的功能性所决定的。也正因如此，它们也成了欣赏景色和俯视当地风貌的绝佳场所。

　　《鲁班经》中所说的钟楼，主要用于寺庙之中。自古名山僧占多，浑厚的钟声能够助人放空、摆脱众多的私心杂念。所以，一些人在忧愁之时，会到寺中听钟鼓之音（图1-90）。另外，寺庙是古代读书人喜爱的地方，钟声则在一定程度上起到了催读的作用（图1-91）。

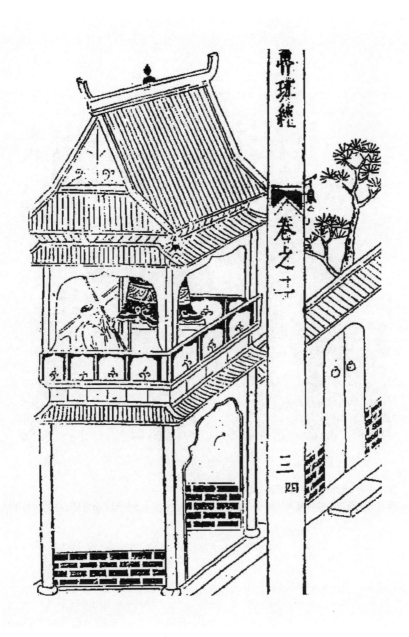

图1-88 《鲁班经》插图　钟楼式

图1-89　光绪十七年《峨眉山志图说》
峨眉山圣积寺内的钟楼虽然略显简陋，但其形态基本与《鲁班经》原书插图中的钟楼相同。

图1-90 明天启《西厢记》插图

图1-91 《梦迹图》中的《寺钟催读》

（十四）仓敖[1]式

1.仓敖（此条原在卷二开头）

依祖格，九尺六寸高，七尺七分阔[2]，九尺六寸深[3]，枋每下四片[4]，前立二柱，开门只一尺五寸七分阔[5]，下做一尺六寸高[6]，至一穿要留五尺二寸高[7]，上楣枋枪门要成对[8]，刀[9]忌成单，不吉。开之日[10]不可内中饮食，又不可用墨斗曲尺，又不可柱枋上留字留墨，学者记之，切忌。

注释

〔1〕仓敖：同"仓廒"，指粮仓、粮库。

〔2〕阔：面阔。

〔3〕深：进深。

〔4〕枋每下四片：每面用四片枋板。　枋：长方形的板材。

〔5〕开门只一尺五寸七分阔：仓门的宽度只有一尺五寸七分。

〔6〕下做一尺六寸高：仓门的高度为一尺六寸。

〔7〕至一穿要留五尺二寸高：仓门底部到下方第一块枋板底部的距离为五尺二寸。　一穿：指仓敖最下方的那块枋板。

〔8〕上楣枋枪门要成对：仓门上沿到最上方枋板顶部的距离要成双数。　上：上方，向上。　楣枋：枋板的顶部。　枪：应为"仓"之误。　成对：成双，此处指双数。

〔9〕刀：应为"切"之误。

〔10〕开之日：开工的日子。

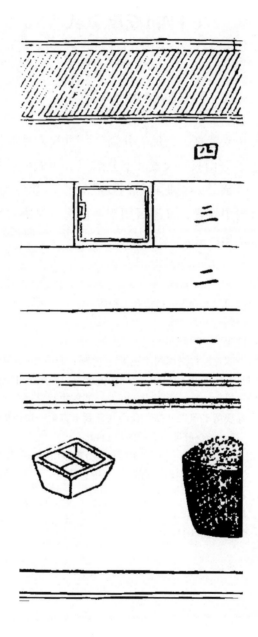

图1-92 《鲁班经》插图　仓敖式

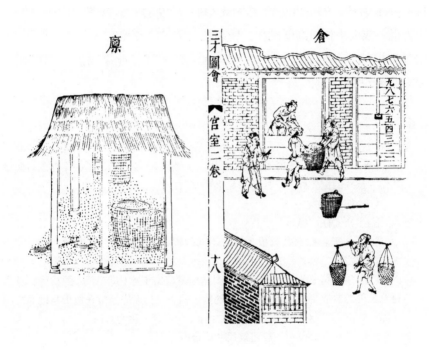

图1-93 明《三才图会》中的仓廪

2.建造禾仓[1]格

凡造仓敖，并要用名术之士[2]，选择吉日良时。兴工匠人，可先将一好木为柱，安向北方。其匠人却归[3]左边立，就斧向内斫[4]入，则吉也。或大小长短高低阔狭，皆用按二黑[5]，须然留下十寸、八白[6]，则各有用处。其它者合白[7]，但与做仓敖不同，此用二黑，则鼠耗不侵，此为正例[8]也。

注释

〔1〕禾仓：谷仓。

〔2〕名术之士：知名的风水术士。　　名：知名，著名。古代常以口碑好坏作为选择的重要标准，故有"慕名而来"之说。

〔3〕归：回到。

〔4〕斫：砍、砸。

〔5〕二黑：曲尺共分成十寸，不同位置的寸又命之为黑或白。第二寸为黑，故称之为二黑。

〔6〕须然留下十寸、八白：需要将木材留出十寸（即一尺）的长度，且木材总长度的数值要压在八白上。此处留出的一尺长度应是粮仓地板与地面之间相隔的距离。　　八白：曲尺上第八寸标记为白色，称为八白。

〔7〕其它者合白：一般建筑尺寸以合白为吉。

〔8〕正例：正确的标准。

补说

粮仓作为粮食的储藏地，其形制与气候有着密切联系。特别是在防潮方面，因为南北方降水量的差异，粮仓形成了各自不同的样式。

王祯《农书》载："京仓之方者，《广雅》云，字从广，京仓也。又谓四起曰京。今取其方而高大之义，以名仓曰京，则其象也。夫囷、京有方圆之别。北方高亢，就地植木，编条作囤，故圆即囷也。南方垫湿，离地嵌板作室，故方即京也。此囷、京又有南北之宜。庶识者辨之，择而用也。诗云：大云仓廪次囷京，各贮粢粮取象成。可是今人迷古制，方圆未识有他名。"（图1-95）

根据描述，《鲁班经》之禾仓，或许应该指"囷"，适应南方潮湿多雨的气候特点。另外，根据《鲁班经》此处的插图，地面短柱支撑，仓底不着地，下方通风防潮，与《农书》中的"京"基本相同。王祯称"京"和"囷"只是形状不同，而当时的人对此却不是很清楚，常常混用。所以，当时应该是"京"和"囷"同指一物。《鲁班经》中存在很多因字形或发音相近而导致错别字的现象，此处或因字形相近而误把"囷"写作了"禾"。

造仓禁忌并择方所

造仓其间多有禁忌，造作场上切忌将墨斗签[1]在于口中衔，又忌在作场之上吃食诸物。其仓成后，安门匠人不可着草鞋入内，只宜赤脚进去。修造匠后，匠者凡依此例无不吉庆、丰盈也。

凡动[2]，用寻进何之年[3]，方大吉，利有进益。如过背田[4]破田[5]之年，非特退气，又主荒却田园，仍禾稻无收也。

论逐月修作仓库吉日

正月：丙寅、庚寅；

二月：丙寅、己亥、庚寅、癸未、辛未；

三月：己巳、乙巳、丙子、壬子；

四月：丁卯、庚午、己卯；

五月：己未；

六月：庚申、甲寅、外甲申；

七月：丙子、壬子；

八月：乙丑、癸丑、乙亥、己亥；

九月：庚午、壬午、丙午、戊午；

十月：庚午、辛未、乙未、戊申；

十一月：庚寅、甲寅、丙寅、壬寅；

十二月：丙寅、甲寅、甲申、庚申、壬寅。

注释

〔1〕墨斗签：用于做标记的笔，类似细毛笔。

〔2〕凡动：凡是要动工修造。

〔3〕进何之年：丰收之年。　　进何：应为"进向"或"进禾"，意指丰收。

〔4〕背田：走背运，田地减产。

〔5〕破田：失去田地，田地荒芜、被他人侵占等。

补说

在传统农业社会，禾仓作为储存粮食的场所（图1-96），在人们心目中占有重要位置。于是，随着生活经验的积累，人们逐渐总结出了一些需要注意的事项，甚至上升到神秘主义层面，成为禁忌。当然，这些注意事项，有的具有现实意义，有的则缺乏事实依据，不具备科学性。

从具有现实意义的方面来看，禾仓作为存储粮食的场所，需要保持洁净，以防霉变，故不洁之物就需要排除。将墨斗签衔在口中，应该是很多工匠都有的习惯，但这样就会刺激口中产生唾液，很可能会落在地上，使仓中变得不洁，故要避免。禁止在禾仓中吃东西，也是出于同样的道理，如果食物碎屑落到地上，除了霉变，还可能会引来老鼠以及种种啃食谷物的昆虫。要求匠人不能穿草鞋进入禾仓，需要赤脚，应当也是因为鞋底容易粘带一些不洁之物。

在修造禾仓的时间方面，以丰年和荒年作为标准，是有一定道理的。禾仓虽然重要，但其自身体量并不会很大，工程周期较短，所以，根据实际需要，当年修造是来得及的。在丰收之年修造禾仓，既有储存粮食的实际需要，也具有开展建筑工程的经济实力。遇到灾荒之年，不会有多余的粮食需要储备，同时，财力也会比较拮据，所以，荒年不必修建禾仓，否则只会使拮据的经济状况雪上加霜。

然而，古人对每个月中适合修造禾仓的时间也做出规定，就不再具备多少科学依据。人们需要根据自然的实际情况选定时间，而不是盲从那些推算出来的吉时。

图1-94　《鲁班经》插图　禾仓

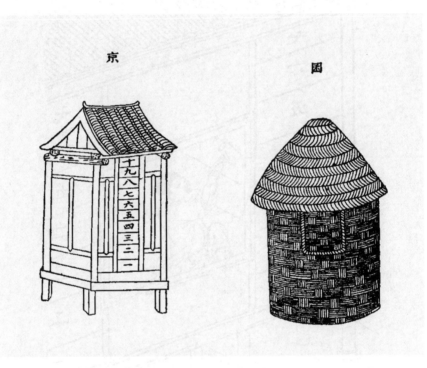

图1-95　元·王祯《农书》中的京与困

图1-96　清·焦秉贞《耕织图》入仓

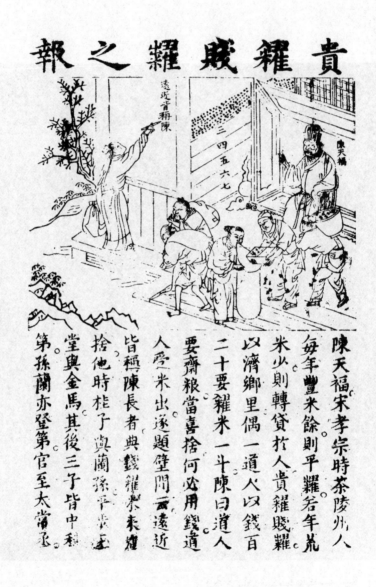

貴糴賤糶之報

遠近肯耕陳

三四五六七

陳天福

陳天福宋孝宗時茶陵州人。
每年豐米餘則平糶若年荒
米少則轉貸於人貴糴賤糶
以濟鄉里偶一道人以錢百
二十要糴米一斗陳曰道人
要齋粮當喜捨何必用錢道
人愛米出遂題壁門二語遠近
皆稱陳長者典錢糴粟來贈
捨他時桂子與蘭孫平告去
堂與金馬其後三子皆中科
第孫蘭亦登第官至太常丞。

图1-97 《劝诫图说》插图

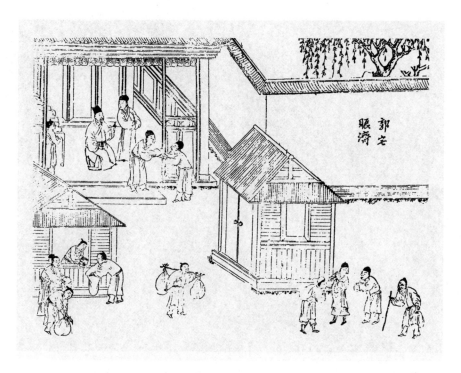

图1-98　明万历《胭脂记》插图《郭宅赈济》
为了防潮，院中的两处粮仓地基都高出地面。

图1-99　清·冷枚《养正图册》　文王开仓赈济鳏寡孤独

（十五）家畜家禽圈棚

1. 牛栏

五音[1]**造牛栏**[2]**法**

夫牛者本姓李，元[3]是大力菩萨，切见[4]凡间人力不及，特降天牛来助人力。凡造牛栏者，先须用术人[5]拣择吉方，切不可犯倒栏杀[6]、牛黄杀[7]，可用左畔是坑，右畔是田王[8]，牛犊必得长寿也。

注释

　　[1] 五音：本为中国音乐中的宫、商、角、徵、羽五个音阶，后被风水术士利用，将五音与五行相结合，成为测定吉凶的方法。

　　[2] 牛栏：带围栏的牛棚。

　　[3] 元：本来，原本。

　　[4] 切见：发现，看到。

　　[5] 术人：风水术士。

　　[6] 倒栏杀：牛栏意外倒塌，或者所养的牛患病而食欲不佳。

　　[7] 牛黄杀：牛黄是牛胆囊中生长的结石，虽然作为中药对人有益，但对牛自身却有害，会威胁牛的生命。牛黄杀是指牛因生牛黄而死。

　　[8] 田王：田土，土堆。 王：应为"土"之误。

造栏用木尺寸法度

用寻向阳木[1]一根，作栋柱[2]用。近在人屋在畔，牛性怕寒，使牛温暖。其柱长短尺寸用压白，不可犯在黑上。舍下[3]作栏者，用东方采株木[4]一根，作左边角柱用，高六尺一寸。或是二间四间，不得作单间也。人家各别椽子[5]用合四只，则按春夏秋冬阴阳四气，则大吉也。不可犯五尺五寸，乃为五黄[6]，不祥也。千万不可使损坏的为牛栏开门，用合二尺六寸大，高四尺六寸，乃为六白，按六畜为好也。若八寸系八白，则为八败，不可使之，恐损群队也。

注释

〔1〕向阳木：指生长在阳光照射充足地方的树木，此类树木枝干更为坚实挺拔。

〔2〕栋柱：建筑正中间承托屋顶大梁的柱子。

〔3〕舍下：人居住的房屋前方。

〔4〕株木：整株的树木，即树木的主干。

〔5〕椽子：放在檩上架着屋面板和瓦的木条。

〔6〕五黄：星名。阴阳家谓九星之一。曲尺中第五段为五黄，黄可能与"牛黄"相联系，即使用与五黄有关的尺寸，容易使牛生病。

诗曰：

　　鲁般法度创牛栏，先用推寻吉上安，

　　必使工师求好木，次将尺寸细详看。

　　但须不可当[1]人屋，实要相宜对草岗，

　　时师依此规模作，致使牛牲食禄宽。

合音指诗：

　　不堪巨石在栏前，必主[2]牛遭虎咬遭[3]，

　　切忌栏前大水窟，主牛难使鼻难穿。

又诗：

　　牛栏休在污沟边，定堕牛胎损子连，

　　栏后不堪有行路，主牛必损烂蹄肩。

牛黄诗：

　　牛黄一十起于坤，二十还归震巽门，

　　四十宫中归乾位，此是神仙妙诀根。

定牛入栏刀砧[4]诗：

　　春天大忌亥子位，夏月须在寅卯方，

　　秋日休逢在巳午，冬时申酉不可装。

起栏[5]日辰：

　　起栏不得犯空亡[6]，犯着之时牛必亡，

　　癸日不堪行起造，牛瘟必定两相妨[7]。

注释

　　〔1〕当：对着。

　　〔2〕主：预示。

　　〔3〕遭：形容受到惊吓，难行不进。

　　〔4〕刀砧：宰割工具。刀和砧板，借指对牛有害的时间。

　　〔5〕起栏：修建牛栏。

　　〔6〕空亡：古代用干支纪日，十天干配十二地支，所余二支，谓之"空亡"。术数用语，指所求不应，贫贱夭亡的凶占。

　　〔7〕相妨：相互妨碍。

占[1]牛神出入

三月初一日，牛神出栏。九月初一日，牛神归栏，宜修造，大吉也。牛黄八月入栏，至次年三月方出，并不可修造，大凶也。

注释

　　〔1〕占：占卜。

图1-100 《鲁班经》插图 牛栏

2.造牛栏样式

凡做牛栏，主家中心用罗线踃看[1]，做在奇罗星[2]上吉。门要向东，切忌向北。此用杂木五根为柱，七尺七寸高，看地基宽窄而佐不可取[3]，方圆依古式，八尺二寸深，六尺八寸阔，下[4]中上下枋[5]用圆木，不可使扁枋，为吉。

住门[6]对牛栏，羊栈一同看[7]，年年官事至，牢狱出应难。

注释

　　〔1〕主家中心用罗线踃看：站在家主院子中心用罗盘来回寻找（合适的位置）。　　罗线：应为罗盘，或类似的用来观测风水的工具。　　踃看：踏看，以"步"为长度单位进行测量，查看合适的位置。踃为"踏"之误，书中多次出现，可以相互验证。

　　〔2〕奇罗星：据李峰注解的《鲁班经匠家镜》，奇罗星为风水中的神杀，与方位有关。

　　〔3〕看地基宽窄而佐不可取：不能为了方便，根据地基的情况随便确定面积大小。这种要求应该是出于对牛的重视，结合后文可以看出，要遵循古代流传下来的要求，符合规定的尺寸。　　佐：通"做"。

　　〔4〕下：安装，使用。

　　〔5〕中上下枋：上部、中部、下部的枋木，即所有的枋木。

　　〔6〕住门：人居住的房屋的门。

　　〔7〕羊栈一同看：羊栈跟（牛栏）一样看待。

论逐月造作牛栏吉日

正月：庚寅；

二月：戊寅；

三月：己巳；

四月：庚午、壬午；

五月：己巳、壬辰、丙辰、乙未；

六月：庚申、甲申、乙未；

七月：戊申、庚申；

八月：乙丑；

九月：甲戌；

十月：甲子、庚子、壬子、丙子；

十一月：乙亥、庚寅；

十二月：乙丑、丙寅、戊寅、甲寅。

右不犯魁罡、勾绞、牛火、血忌、牛飞廉、牛腹胀、牛刀砧、天瘟、九空、受死、大小耗、土鬼、四废。

补说

  耕牛作为重要的生产资料，需要多加保护。牛居住的牛栏，自然也要十分重视，需要根据牛自身的习性，建造出适宜它们居住的场所。经过长时间的实践，古人对牛有了很深的了解，对牛栏的建造也总结出了丰富的经验。

  王祯《农书》载："牛室，门朝阳者宜之。夫岁事逼冬，风霜凄凛，兽既藂毛，率多穴处。独牛依人而生，故宜入养密室。闻之老农云：牛室内外，必事涂墍，以备不测火灾，最为切要。陆龟蒙序云：冬十月耕牛为寒筑室，纳而皁之，建之前日。老农请乞灵于土官以从乡教，予勉而为之辞，云：四犉三牯，中一去乳，天霜降岩，入此室处，老农拘拘，度地不亩，东西几何，七举其武，南北几何，丈二加五，偶楹当间，载尺入土，太岁在亥，余不足数，上缔蓬茅，下远城府。耕缚以时，余食得所，或寝或讹，免风免雨，宜宁子孙，实我仓庚。"

  综合来看，牛栏建造要注意两点：防寒和防火。冬季寒冷，很多动物都依穴而居，可以起到很好的保温效果，但因为牛体型较大，又因为对人依赖性较强，需要人来饲养。所以，人们要为它们营造牛栏，且入口要朝阳，以便在冬季保暖。在牛栏上用泥涂抹，除了使之更加严密，免受寒风，还可以在一定程度上起到防火作用。古代以木构建筑为主，牛栏也用木材搭建，在木材外面涂抹泥土，可以在一定程度上起到隔热防火的作用。

  相比之下，《鲁班经》中似乎没有提到防火的问题，除了重视牛栏的保暖功能，还特别在意牛的健康问题，将牛黄、牛瘟看作危险疾病的代表。为此，不仅强调要在选址上避开污秽之地，还要选择吉利的时间开工。总之，对于影响到一个家庭生计的耕牛，古人是十分重视的。

图1-101　《读画斋题画诗》插图　耕牛犁田

图1-102　元·王祯《农书》中的牛栏

3.羊栈

五音造羊栈格式

按《图经》云：羊本姓朱，人家养羊作栈者，用选好素菜果子[1]，如椑树之类为好。四柱乃象四时[2]，四季生花结子长青之木为美[3]，最忌切不可使枯木；柱子用八条，乃按八节[4]；柱子用二十四根，乃按二十四炁[5]。前高四尺一寸，下三尺六寸，门阔一尺六寸，中间作羊枰[6]并用，就地三尺四寸高，主生羊子绵绵不绝，长远成群，吉。不可信[7]，实为大验也[8]。

紫气[9]上宜安四主[10]，三尺五寸高，深[11]六尺六寸，阔四尺零二寸，柱子方圆三寸三分。大长枋二十六四根[12]，短枋[13]共四根。中直下窗齿[14]，每孔分一寸八分，空齿孔[15]二寸二分。大门开向西方吉。底上止用小竹串进[16]，要疏些，不用密。

逐月作羊栈吉日

正月：丁卯、戊寅、己卯、甲寅、丙寅；

二月：戊寅、庚寅；

三月：丁卯、己卯、甲申、己巳；

四月：庚子、癸丑、庚午、丙子、丙午；

五月：壬辰、癸丑、乙丑、丙辰；

六月：甲申、壬辰、庚申、辛酉、辛亥；

七月：庚子、壬子、甲午、庚申、戊申；

八月：壬辰、壬子、癸丑、甲戌、丙辰；

九月：癸丑、辛酉、丙戌；

十月：庚子、壬子、甲午、庚子；

十一月：戊寅、庚寅、壬辰、甲寅、丙辰；

十二月：戊寅、癸丑、甲寅、甲子、乙丑。

右吉日，不犯天瘟、天贼、九空、受死、飞廉、血忌、刀砧、小耗、大耗、九土鬼、正四废、凶败。

注释

〔1〕果子：植物的果实，此处指代能够结出果实的树木，用之作为建造羊栈的柱子。

〔2〕四柱乃象四时：四个角上的长柱子象征着四季，春夏秋冬。　四柱：羊栈四个角上的四根柱子，承托顶部的重量。　象：象征。

〔3〕美：好。

〔4〕八节：八个节气，立春、春分、立夏、夏至、立秋、秋分、立冬、冬至。

〔5〕二十四炁：二十四节气。

〔6〕枰：据卷一梁架结构中出现此字的情况来看，应意为栋柱。

〔7〕不可信：应为"不可不信"。

〔8〕实为大验也：这是禁得住实践检验的。

〔9〕紫气：此处应指代方位，北方为紫微垣，故为北方。

〔10〕四主：应为"四柱"之误。

〔11〕深：进深。

〔12〕大长枋二十六四根：大长枋的尺寸为六尺六寸，一共用四根。　大长枋：指连接柱子的长条横木，根据羊栈尺寸，应该是进深方向的枋木。　二十六：应是"六尺六（寸）"。

〔13〕短枋：羊栈中与大长枋垂直方向使用，连接柱子和大长枋的木材。

〔14〕中直下窗齿：四柱中间安装有一定间格的木条，从而形成围栏。

〔15〕齿孔：安装窗齿的孔洞。

〔16〕底上止用小竹串进：窗齿的底部只用竹条串连在一起就可以了。　止：仅仅。

补说

养牛是为了耕地，养羊则是为了肉和毛皮。羊圈选用的木材，都必须是能开花结果的树木，柱子还要是长青的植物，生命力强。不使用枯木，一方面是因为枯木没有生命力，与所期盼的旺盛的生命力背道而驰；另一方面，枯木容易腐朽，韧性变差，承载力降低，容易折断，造成羊圈坍塌，危害羊群。

　　羊的重要性无法与牛相比，加上羊体型较小，所需要的空间也相对较小，所以羊栈的建造也相对简单。《鲁班经》中的相关讲解，有些地方不是很清楚，或者解说不全，只有羊栈一部分的修建方法。羊栈的顶子仅在插图中见到，并未用文字说明其修建方法。

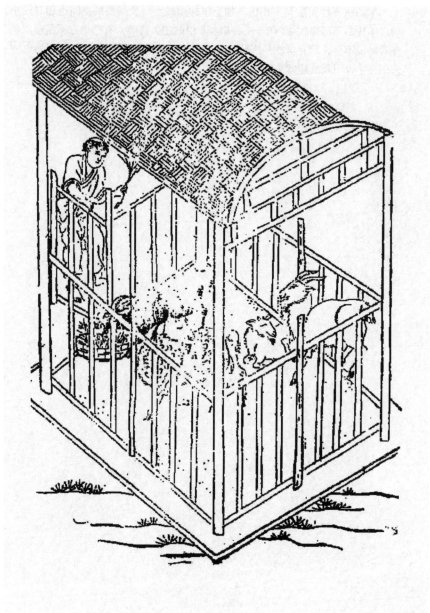

图1-103 《鲁班经》插图 羊栈

4.马厩、马槽、马鞍架

（1）马厩式

此亦看罗经，一德星[1]在何方，做在一德星上吉。门向东，用一色[2]杉木，忌杂木。立六根柱子，中[3]用小圆梁二根扛过[4]，好下夜间挂马索[5]。四围下高水楷板[6]，每边用模方[7]四根才坚固。马多者，隔断已间[8]，每间三尺三寸阔深，马槽下向[9]门左边吉。

注释

〔1〕一德星：罗盘风水中代表吉凶的神杀。

〔2〕一色：既指颜色一样，也指属性全部一样，不混杂别的种类或式样。

〔3〕中：即处在中间的两根柱子。

〔4〕扛过：即横过。

〔5〕挂马索：拴马缰绳。

〔6〕水楷板：平直不透光的木板。

〔7〕模方：用于加固木板的横木，或为"木枋"之误。

〔8〕已间：应为"几间"。

〔9〕下向：安放在……方向。

补说

明《三才图会》中的马厩（图1-105），三匹马正在马厩中低头吃草料，此马厩在形制上与《鲁班经》原文中的略有不同，前方没有使用木板，只使用两根横木起到拦截作用，比较简陋。在马厩不远处的空地上，一匹马被拴在木桩上，旁边摆放着盛有饲料或水的木桶，或许是呈现没有马厩的马的饲养方式。

（2）马槽[1]样式

前脚二尺四寸，后脚三尺五寸高，长三尺，阔一尺四寸，柱子方圆三寸大，四围横下板片，下脚空一尺高[2]。

注释

〔1〕马槽：盛放草料的木槽。

〔2〕下脚空一尺高：马槽底面距离地面一尺。

（3）马鞍架

前二脚高三尺三寸，后二只二尺七寸高，中下半柱，每高三寸四分，其脚方圆一寸三分大，阔八寸二分，上三根直枋，下中腰每边一根横，每头二根，前二脚与后正脚取平，但前每上高五寸，上下搭头[1]，好放马铃。

注释

〔1〕上下搭头：上面安放搭头。　上：在……之上。　下：安装。　搭头：两头突出，可以悬挂东西的横木。

（4）逐月作马枋[1]吉日

正月：丁卯、己卯、庚午；

二月：辛未、丁未、己未；

三月：丁卯、己卯、甲申、乙巳；

四月：甲子、戊子、庚子、庚午；

五月：辛未、壬辰、丙辰；

六月：辛未、乙亥、甲申、庚申；

七月：甲子、戊子、丙子、庚子、壬子、辛未；

八月：壬辰、乙丑、甲戌、丙辰；

九月：辛酉；

十月：甲子、辛未、庚子、壬午、庚午、乙未；

十一月：辛未、壬辰、乙亥；

十二月：甲子、戊子、庚子、丙寅、甲寅。

注释

〔1〕马枋：应为"马坊"，即马厩。

图1-104　《鲁班经》插图　马厩、马槽

图1-105　明《三才图会》中的马厩

图1-106　明崇祯《永团圆》插图中的马厩

　　图中马厩带有马槽，两匹马正在吃着草料，同时可以隐约看到两条绳子从屋子上方垂下来，说明两匹马依然拴着缰绳，正与《鲁班经》文中提到的挂马索相符。马槽高度在一米左右，正与马匹较高的体型相适应，可以方便它们饮食。

图1-107　清易简本《清明上河图》局部

　　在中间商铺的右上角有一个马鞍架，上面摆放着一具马鞍，与图中左下角马背上的马鞍
基本一样，可见，马鞍架在一定程度上是对马背的模仿。

5.猪椆[1]样式

此亦要看三台星[2]居何方，做在三台星上方吉。四柱二尺六寸高，方圆七尺[3]。横下穿枋[4]，中直下大粗窗齿[5]，用杂[6]方坚固。猪要向西北，良工者识之，初学者切忌乱为。

注释

〔1〕椆：古书中记载的一种耐寒性植物，此处当指木制的用来圈养家禽家畜的笼、圈等。椆应为"栏"之误。

〔2〕三台星：三台星五行属戊土，阳土，主贵，主北斗之权，掌清贵之宿，专主文章做官，吉庆之事。

〔3〕方圆七尺：整个猪栏的直径为七尺。

〔4〕横下穿枋：（相邻两根柱子之间）用横向的木材连为一体。　枋：类似于房梁的横木。

〔5〕中直下大粗窗齿：枋木上安装多根粗大的窗齿，与枋木垂直。从而形成一个四周好似篱笆环绕的封闭空间。之所以强调窗齿要"大粗"，是因为猪的力量较大，破坏力较强。　窗齿：类似窗棂那样起到隔挡作用的木头。

〔6〕杂：此处应是重叠、缠绕之意。窗齿与枋木重重结合在一起，才会更加坚固。

逐月作猪椆吉日

正月：丁卯、戊寅；

二月：乙未、戊寅、癸未、己未；

三月：辛卯、丁卯、己巳；

四月：甲子、戊子、庚子、甲午、丁丑、癸丑；

五月：甲戌、乙未、丙辰；

六月：甲申；

七月：甲子、戊子、庚子、壬子、戊申；

八月：甲戌、乙丑、癸丑；

九月：甲戌、辛酉；

十月：甲子、乙未、庚子、壬午、庚午、辛未；

十一月：丙辰；

十二月：甲子、庚子、壬子、戊寅。

六畜[1]肥日

春申子辰，夏亥卯未，秋寅午戌，冬巳酉丑日。

注释

〔1〕六畜：指猪、牛、羊、马、鸡、狗。

图1-108　明《三才图会》中的猪圈

此猪圈较为高大，如同房屋，其中三面的下半部分采用了砖石结构，更加坚固。《鲁班经》中的猪栏应是木制，且未说明是否有屋顶。

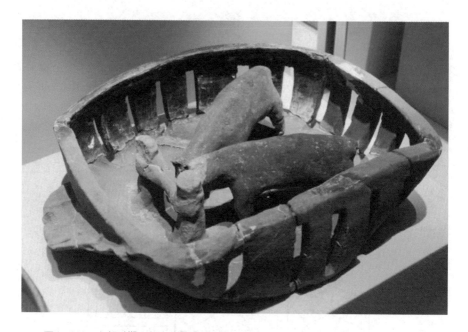

图1-109　六朝时期　灰陶猪圈

6.鹅鸭鸡栖[1]式

此看禽大小而做，安贪狼[2]方。鹅椆[3]二尺七寸高，深四尺六寸，阔二尺七寸四分，周围下小窗齿[4]，每孔分一寸阔[5]。鸡鸭椆二尺高，三尺三寸深，二尺三寸阔，柱子方圆二寸半，此亦看主家禽鸟多少而做，学者亦用自思之[6]。

注释

〔1〕栖：此处指居住的场所。

〔2〕贪狼：贪狼是中国民间信仰和天文学结合的产物，属水木，北斗第一星，化桃花煞，主祸福。

〔3〕椆：应为"栏"之误，下文同。

〔4〕周围下小窗齿：在笼子的四周安装像窗棂一样的木条。　窗齿：此处指具有一定间隔的木板。

〔5〕每孔分一寸阔：相邻窗齿之间的间距为一寸。

〔6〕学者亦用自思之：学习的人也需要（根据具体情况）自己思考。

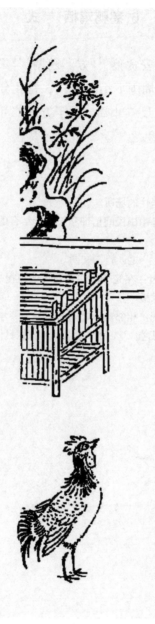

图1-110 《鲁班经》插图 鹅鸭鸡栖式

7.鸡枪[1]样式

　　两柱高二尺四寸，大一寸二分，厚一寸。梁大二寸五分、一寸二分[2]。大窗高一尺三寸[3]，阔一尺二寸六分。下车脚二寸大[4]，八分厚。中下齿仔五分大[5]，八分厚，上做滔环[6]二寸四大。两边桨腿[7]与下层窗仔一般高，每边四寸大。

注释

　　〔1〕鸡枪：枪应为"栖"之误，即鸡栖。考古发掘证实，汉代已有此类器物。

　　〔2〕梁大二寸五分、一寸二分：梁宽二寸五分，厚一寸二分。梁的长度没有给出，结合下文，应该比"窗"的宽度一尺二寸六分稍微再长一些（二寸左右）。

　　〔3〕大窗高一尺三寸：下方中空的高度为一尺三寸。　大窗：没有任何填充的空间。

　　〔4〕下车脚二寸大：安装车脚，其宽度为二寸。　车脚：两根柱子下端着地的木板，起到支撑和加固作用。与后文屏风、衣架两脚下方的"琴脚"和"脚"为同一构件。

　　〔5〕中下齿仔五分大：在"大窗"下端的横木上安装垂直的短木条。

　　〔6〕滔环：即绦环板。

　　〔7〕桨腿：即站牙，常见于屏风、衣架等家具中，位于立柱前后，呈对称结构。清代例称为"壶瓶牙手"。

补说

　　鸡与鸭、鹅虽然都为家禽，但在习性上有一定的独特性。它不能游泳，但飞行能力较强，且因为脚趾间没有胼，两只脚的抓握能力比较强，可以很平稳地站在树枝上。由于黄鼠狼等天敌的威胁，鸡更喜欢栖居在较高的地方。于是，便有了人工制作的栖架。

　　早在汉代就已经有木制鸡栖架存在。武威磨嘴子汉墓出土了汉代彩绘木鸡栖架。作为随葬品，可能尺寸会比真实生活中使用的小很多。鸡栖架由三部分组成，上下各一块木板分别作为托架和脚，中间一根木棍通过榫卯将二者连接在一起。一只公鸡和一只母鸡蹲坐在托架上方。

　　《鲁班经》中的鸡栖架，木柱分为左右两根，柱脚还增加了对称而立的站牙，既实用又美观。另外，中部还增加了窗齿和绦环板作为装饰。不过，可以想见，即使在明代，鸡栖架中使用绦环板的现象也不会普遍。

　　《鲁班经》原文内容并不是非常完整，一些尺寸需推测估算。

　　一、梁的长度，是在"窗"的宽度一尺二寸六分的基础上，加上立柱的厚度一寸，因有两根立柱，故合计二寸，出于美观，左右两端再各延长半寸，故梁的长度合计一尺五寸六分。

　　二、车脚的长度，由三部分组成，立柱的长度一寸二分，立柱两侧的桨腿的宽度四寸，因有两个，合计八寸，出于美观，再向两侧各延长一寸，共两寸，所以，车脚的长度为十一寸二分。

图1-111　汉代鸡栖架

图1-112　据《鲁班经》正文内容绘制的鸡栖式（绘图：姚洋）

貳

家具篇

图2-1　明·仇英《清明上河图》局部

　　仇英笔下的明代苏州异常繁华，市井中各类店铺林立，家具店铺则是其中之一。店内摆放着桌、凳、橱柜等成品家具，几个匠人正在用钻、斧、刨子等工具制作家具。《鲁班经》中涵盖的家具种类丰富，是现存的有关古代家具设计的重要古典文献。家具制作在《鲁班经》中占据的篇幅表明，其在木工行业中已经成为与木构建筑营造相比肩的门类。

一、屏风

屏风是我国传统家具之一，历史悠久，相传有禹作屏一说。《释名》："屏风，言可以屏障风也。"我国早期木构建筑，室内没有墙壁，屏风起到了分割室内空间的作用，不但可以提供一定的私密性，还能够起到隔音避风的作用。唐朝的大诗人白居易写过很多与屏风有关的文章，《三谣·素屏谣》即是其中之一：

> 素屏素屏，胡为乎不文不饰，不丹不青？当世岂无李阳冰之篆字，张旭之笔迹？边鸾之花鸟，张璪之松石？吾不令加一点一画于其上，欲尔保真而全白。吾于香炉峰下置草堂，二屏倚在东西墙。夜如明月入我室，晓如白云围我床。我心久养浩然气，亦欲与尔表里相辉光。尔不见当今甲第与王宫，织成步障银屏风。缀珠陷钿贴云母，五金七宝相玲珑。贵豪待此方悦目，晏然寝卧乎其中。素屏素屏，物各有所宜，用各有所施。尔今木为骨兮纸为面，舍吾草堂欲何之？

从白居易的诗文来看，他对素屏情有独钟，但他也让我们看到，除了素屏之外，当时的王宫贵族之家拥有"银屏风"，上面镶嵌各种云母宝石，文人墨客之家则多会使用嵌有名人字画的屏风。到了明代，文震亨在《长物志》中说："屏风之制最古，以大理石镶下座精细者为贵，次则祁阳石，又次则花蕊石。不得旧者，亦须仿旧式为之。若纸糊及围屏、木屏，俱不入品。"可见，明人开始追求以石材制屏风。

屏风不仅是绘画的载体，还是入画的重要素材，《韩熙载夜宴图》则是众多画作中的代表。全画共分五段，琵琶演奏、观舞、宴间休息、清吹、欢送宾客，完整地展示了韩府夜宴的过程。相邻画面情节以屏风为分隔，使屏风划分空间的作用得到充分发挥，让画面在分中有合，成为一个有机整体。

屏风形式多样，材料各异，后来还发展出了放于桌案之上供玩赏的屏风摆件。但总体来说，屏风分为单扇的座屏和多扇的围屏两种。因此，《鲁班经》中仅有关于座屏和围屏的两个条目的内容。

图2-2 《鲁班经》插图　屏风

（一）屏风[1]式

大者高五尺六寸，带脚在内，阔六尺九寸。琴脚[2]六寸六分大[3]，长二尺，雕日月掩象鼻格[4]，桨腿工尺四分高[5]，四寸八分大。四框[6]一寸六分大，厚一寸四分。外起改竹圆[7]，内起棋盘线[8]，平面六分，窄面三分。绦环[9]上下俱六寸四分，要分成单。下勒水花[10]，分作两孔[11]，雕四寸四分，相[12]屋阔窄，余大小长短依此，长仿此。

注释

〔1〕屏风：此处所言为单扇大屏风。

〔2〕琴脚：应为屏风左右两侧着地的两个木墩，起支撑作用。

〔3〕大：此处指宽度。

〔4〕日月掩象鼻格：由太阳和月亮这样的圆形和象鼻子那样弯曲的形状，共同组合成的图案样式。　格：格式，样式。

〔5〕桨腿工尺四分高：屏风、衣架等立柱前后相对称的牙子，位于前文所说的"琴脚"的上方，对屏风起到加固作用，使之不会因为太高而倾倒。工为"二"之误。

〔6〕四框：屏风边沿的四个边框。

〔7〕改竹圆：竹筒那样的圆弧形线脚。与后文提到的"厅竹圆"含义相同。

〔8〕棋盘线：笔直且没有弧度的线脚。

〔9〕绦环：即绦环板，一种嵌套在家具上的木板，多雕有纹饰，具有一定的装饰作用。绦环板上有一道环线，且到四周边沿的距离相等，由此"绦环"应有"套环"之意。

〔10〕下勒水花：屏风的下方安装带有花纹的牙条。

〔11〕分作两孔：分作两面。即屏风的前后两面。　孔：应为部分之意。

〔12〕相：观看，根据。

补说

《水浒传》插图中的屏风（图2-3）是一座大型的单扇素面屏风，大体形制基本与《鲁班经》中描述相同，可以清晰地看到一侧的琴脚、桨腿，只是在绦环板、线脚等方面有些不同。睿思殿中的这扇屏风，如同影壁墙，将室内空间加以分割，同时对外界的风、他人的视线等起到隔挡作用。屏风上书"山东宋江、淮西王庆、河北田虎、江南方腊"，体现了素面屏风中间大片区域无装饰、可书可画的特性。

另外，屏风还能起到衬托身份的作用。在《红拂记》插图（图2-4）中，屏风结构明晰，中间有大面积的山水画，通过屏风能够很容易地辨认出画中二人的身份特征，位于屏风与桌案之间的人为主，而其对面的人为次。因为屏风自身遮挡的特性，也常会出现屏风后面有人偷听的故事性场面。

图2-3 《水浒传》插图

图2-4　明万历《红拂记》插图

（二）围屏^{〔1〕}式

每做此，行用八片，小者六片，高五尺四寸正。每片大^{〔2〕}一片^{〔3〕}四寸三分零，四框八分大，六分厚。做成五分厚^{〔4〕}，算定共四寸厚^{〔5〕}。内较田字格^{〔6〕}，六分厚，四分大，做者切忌碎框。

注释

〔1〕围屏：屏风的一种，通常是四扇、六扇或八扇连在一起，可以折叠。因无屏座，使用时分折成锯齿形，故别名"折屏"。

〔2〕大：当为"宽"之意。

〔3〕片：应为"尺"之误。

〔4〕做成五分厚：（也可）做成五分厚。

〔5〕算定共四寸厚：加起来一共四寸厚。此处指每片的厚度为五分，一共八片。　算定：加到一起计算。

〔6〕内较田字格：在围屏中，每一扇屏风四个边框内，安装横向与竖向的木棂，与窗棂相似，用于加固屏风上的纸、绢等。因横竖交叉的木棂形似"田"字，故称田字格。　内较：或为"内交"之误，指横竖相交的棂条。

图2-5 明崇祯《北西厢记》中的插图《窥柬》

　　画面中多扇屏风曲折成锯齿状，屏风上有大面积的花鸟画，极具装饰色彩。屏风前面一人正躲在两扇屏对折的凹陷处阅读手中的书信，同时一人站在屏风另一侧，正悄悄窥探前者。正是因为折屏由多扇小屏风连接，可以折叠围合成多种空间形态，才使得画面中二人的活动显得更加有趣。

二、轿子

牙轿式

宦家[1]明轿[2]，倚[3]下一尺五寸高，屏[4]一尺二寸高，深一尺四寸，阔一尺八寸，上圆手[5]一寸三分大，斜七分才圆，轿杠[6]方圆一寸五分大，下蹄[7]带轿二尺三寸五分深。

注释

〔1〕宦家：即官宦之家。

〔2〕明轿：即牙轿，是一种没有篷盖的敞轿。 明：明亮，光线不受遮挡。

〔3〕倚：倚，在南方一些地区方言中为"站立"之意，"倚下"当指轿腿。

〔4〕屏：牙轿正后方的靠背板，类似椅子的靠背，供人倚靠。

〔5〕圆手：具有一定弧度的扶手。

〔6〕轿杠：轿身两旁的粗木棍，用于抬轿子。

〔7〕下蹄：轿子前方用于放脚的地方，与脚凳作用基本相同。 蹄：或为"踏"之误，意为供踩踏的位置。本书中"踏水车"等处，也误写作"蹄"。

补说

轿子，是古代的一种交通工具，从它的别名"肩舆"可以更形象地理解，是依靠人肩膀扛着行走的车。在古代，并非所有人都可以乘坐轿子，它具有一定的等级属性，通常是官宦等有身份的人才能使用。

　　轿子作为重要交通工具，深入人们的生活。明代中后期，乘轿已经具有广泛的社会性，人们普遍"僭越"，武将、商人、平民等在制度中本不允许乘轿的人也都以出门坐轿为荣。在《长物志》《三才图会》等多种文献中都有关于轿子的记载（图2-7）。由于我国幅员辽阔，不同地区地形差异较大，轿子也为了适应环境而被改装成多种样式。《长物志》中载"出闽、广者精丽，且轻便；楚中有以藤为扛者，亦佳。近金陵所制缠藤者，颇俗"；在杭州，"山行无济胜之具，则'篮舆'似不可少"。

　　《鲁班经》中仅对一种轿子形式进行了描述，整体形制像一把圈椅，前方带有脚踏。同时，指明这是"宦家"才能使用的。原书插图有两种轿，一者为"明轿"，无遮挡，为四人抬轿，前后各二人；一者带有顶棚外罩。

图2-6 《鲁班经》插图　轿子

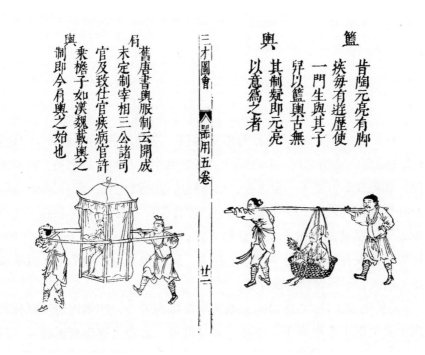

籃

昔陶元亮有脚
疾毎有遊歷使
一門生與其子
舁以籃輿古無
其制疑即元亮
以意爲之者

興

舊唐書輿服制云開成
末定制宰相三公諸司
官及致仕官疾病官許
乘檐子如漢魏載輿之
制即今肩輿之始也

三才圖會　器用五卷　廿二

图2-7　明《三才图会》中的肩舆和篮舆

三、床类

　　床，在人们的生活中占有重要地位，李渔在《闲情偶寄》中说："人生百年，所历之时，日居其半，夜居其半。日间所处之地，或堂或庑，或舟或车，总无一定之在，而夜间所处，则止有一床。是床也者，乃我半生相共之物，较之结发糟糠，犹分先后者也。"把床摆在了比结发妻子还重要的位置，虽然显得夸张，但也确实反映了床的重要性。所以，古人在床的设计方面很下功夫，床的种类也多种多样，以求满足不同人、不同时期的需要。

　　《长物志》载："床以宋元断纹小漆床为第一，次则内府所制独眠床，又次则小木出高手匠作者，亦自可用。永嘉、粤东有折叠者，舟中携置亦便。若竹床及飘檐、拔步、彩漆、卐字、回纹等式，俱俗。近有以柏木琢细如竹者，甚精，宜闺阁及小斋中。"可以看出，古人的床已经多种多样，甚至已经有了可以在船中使用的折叠床。虽然文震亨对它们褒贬不一，但毕竟只是文人的眼光，其他人则会有不同的喜好。

　　床可以视作家庭生活的必需品，床的制作便是工匠工作中不可或缺的一部分，《鲁班经》中也用较大的篇幅介绍了几种床的制作方法。

（一）大床[1]

下脚带床方[2]共高式[3]尺二寸二分正。床方七寸七分大，或五寸七分大，上屏[4]四尺五寸二分高。后屏二片，两头二片，阔者四尺零二分，窄者三尺二寸三分，长六尺二寸。正领[5]一寸四分厚，做大小片，下中间要做阴阳相合[6]。前踏板[7]五寸六分高，一尺八寸阔。前楣带顶[8]一尺零一分。下门四片，每片一尺四分大[9]，上脑板八寸，下穿藤一尺八寸零四分，余留下板片[10]。门框一寸四分大，一寸二分厚。下门坎一寸四分，三接。里面转芝门[11]九寸二分，或九寸九分，切忌一尺大，后学专用，记此。

注释

[1]大床：即拔步床，也称八步床，是明清时期流行的一种大床。它的独特之处是在架子床外增加了一间小屋，从外形看好像把架子床放在一个封闭式的木制平台上。平台长出床的前沿二三尺，四角立柱，镶以木制围栏，有的还在两边安上窗户，使床前形成一个回廊，虽小但人可进入，跨步入回廊犹如跨入室内。回廊中间置一脚踏，两侧可以安放桌、凳类小型家具，用以放置杂物。这种床体积很大，床前有相对独立的活动范围，虽在室内使用，但宛如一间独立的小房子。拔步床多在南方使用，因南方温暖而多蚊蝇，床架是为了挂蚊帐。

[2]下脚带床方：从床脚的底部到床框。　床方：或为"床帮"，床面的边框。

[3]式：此字应为"弍"之误，二。

[4]上屏：安装在床上的屏风。

[5]正领：床顶部起遮挡尘土作用的木板。　领：或为"岭"，指代顶部。下文"藤床"中有"床岭"可相互印证。

[6]阴阳相合：木材之间以榫卯结构结合在一起。

[7]前踏板：床前的脚踏。

[8]前楣带顶：床檐处的楣板。此处常雕刻精美花纹。

[9]每片一尺四分大：每片门板的宽度为一尺四分。　大：此处指宽度。

〔10〕上脑板八寸，下穿藤一尺八寸零四分，余留下板片：门由三部分组成，从上到下依次是上脑板、藤（窗）、板片。　　余留下板片：剩下的安装板片。

〔11〕转芝门：床沿左右两侧的门。

图2-8 《鲁班经》插图　大床

图2-9　明崇祯《金瓶梅词话》插图

　　画面较为全面地展示了明代居室内的样式特征。居室最内侧为一张巨大的拔步床，如同屋中屋，顶部还挂着灯笼。床边靠墙一侧摆放着盛放衣物的衣箱、衣柜，样式各异。床的正前方摆放着桌凳，桌上摆放女子梳妆用的物品和茶具之类的日常生活所需之物。

（二）藤床^{〔1〕}式

下带床方一尺九寸五分高，长五尺七寸零八分，阔三尺一寸五分半。上柱子^{〔2〕}四尺一寸高，半屏^{〔3〕}一尺八寸四分高。床岭^{〔4〕}三尺阔，五尺六寸长，框一寸三分厚。床方五寸二分大，一寸二分厚，起一字线^{〔5〕}好穿藤。踏板一尺二寸大^{〔6〕}，四寸高，或上框做一寸二分后^{〔7〕}。脚^{〔8〕}二寸六分大，一寸三分厚，半合角^{〔9〕}，记^{〔10〕}。

注释

〔1〕藤床：床面用藤条编织的床。我国藤类资源丰富，藤制家具主要用藤篾编织花纹图案，以藤条或竹子作骨架。藤制家具有轻便舒适等特点。另外，藤床多在夏季使用，四周床围常采用通透样式，如万字纹、十字纹等藤纹结构。

〔2〕上柱子：床面上方的柱子。

〔3〕半屏：指床上起围合作用的屏风，高度只有床面到床顶高度的一半。

〔4〕床岭：床顶，起隔挡尘土的作用。从文中描述来看，其尺寸与床的"阔""长"都很接近，各短一寸。

〔5〕一字线：一种笔直且厚实的边线。

〔6〕踏板一尺二寸大：踏板的宽度为一尺二寸。　踏板：位于床前，供上下床使用的高台，其长度与床相同。

〔7〕或上框做一寸二分后：或者踏板的攒边框做成一寸二分厚。　上框：指踏板的上部，供人踩踏的平面，如同地板，但高出地面。　后：应为"厚"之通假。

〔8〕脚：指床腿和踏板的腿。

〔9〕半合角：一种转角的制作方式。

〔10〕记：切记，有以此为标准之意。

补说

在众多家具中，藤床之名出现较早，唐代诗人白居易的《白氏长庆集》中已经多次提及；《就暖偶酌戏诸诗酒旧侣》一诗中有"低屏软褥卧藤床，异向前轩就日阳"之句。很明显，当时的藤床已经是卧具，但形制上应该比明代的藤床简洁很多，因为还可以连人带床一起抬到院中晒太阳。从众多相关文献记载来看，藤床有两个方面的特点：其一，藤床有乘凉的作用，多在夏季使用。宋代李之仪《姑溪居士集·首夏》："娇红扫尽绿阴成，便觉庭虚暑气生。旋拂藤床方竹枕，不妨鼻息作雷鸣。"描述的正是繁花落尽、绿树成荫的夏季，庭院中暑气已经形成，诗人则枕着竹枕卧于藤床中酣睡。藤床作为消暑器具，多与竹枕配合使用。其二，藤床与古朴、隐逸相关。南宋《江湖小集》内俞桂的《山中》一诗："剖竹相通涧下泉，更邀山色在樽前。一钩明月轩窗上，欹枕藤床独自眠。"展现的是一幅远离尘世喧嚣的清幽景象，一切都沉浸在大自然之中。山中小屋被自然之月光淹没，供人睡卧的藤床，因为"藤"字，也带有一大半的自然成分，最终，形成了床上的人被天地自然层层包裹的状态。这里的藤床因为自然性而显得古朴，因为远离尘世而带有隐逸色彩。

《鲁班经》中的藤床，结构更加完备，消夏的作用得到了延续，古朴、隐逸的品格也在一定程度上得到了传承。

图2-10 《鲁班经》插图 藤床（图中缺少床前的踏板）

（三）凉床[1]式

此与藤床无二样，但踏板上下栏杆，要下长柱子四根，每根一寸四分大。上楣[2]八寸大。下栏杆[3]，前一片，左右两二[4]，万字或十字挂[5]，前二片[6]止[7]作一寸四分[8]大，高二尺二尺[9]五分。横头[10]随踏板大小而做，无误。

注释

　　[1]凉床：带有前廊的藤床，供夏季纳凉使用，应是因透气性较好而得名。

　　[2]上楣：床正面最上方的床檐楣板，具装饰性，与房屋屋檐处的梁枋相似。

　　[3]下栏杆：在（柱子下方）安装栏杆。　下：安装，布置。

　　[4]前一片，左右两二：凉床廊道前方使用单片栏杆，一左一右，共两片。　二：与"两"含义相同，在口语中起到强调作用。

　　[5]万字或十字挂：（栏杆上）悬挂万字纹或十字纹装饰。

　　[6]前二片：凉床前廊正面的两片栏杆。

　　[7]止：同"只"。

　　[8]一寸四分：根据正文推测，此尺寸应为一尺四寸，指栏杆的宽度。

　　[9]尺：据上下文，此字应为"寸"之误。

　　[10]横头：凉床廊道两侧的围栏。其宽度与踏板相同，高度与正面栏杆相同。

逐月安床设帐吉日

正月：丁酉、癸酉、丁卯、己卯、癸丑；

二月：丙寅、甲寅、辛未、乙未、己未、乙亥、己亥、庚寅；

三月：甲子、庚子、丁酉、乙卯、癸酉、乙巳；

四月：丙戌、乙卯、癸卯、庚子、甲子、庚辰；

五月：丙寅、甲寅、辛未、乙未、己未、丙辰、壬辰、庚寅；

六月：丁酉、乙亥、丁亥、癸酉、丙寅、甲寅、乙卯；

七月：甲子、庚子、辛未、乙未、丁未；

八月：乙丑、丁丑、癸丑、乙亥；

九月：庚午、丙午、丙子、辛卯、乙亥；

十月：甲子、丁酉、丙辰、丙戌、庚子；

十一月：甲寅、丁亥、乙亥、丙寅；

十二月：乙丑、丙寅、甲寅、甲子、丙子、庚子。

（四）禅床^[1]式

此寺观庵堂，才有这做。在后殿或禅堂两边，长依屋宽窄^[2]，但阔五尺^[3]，面前高一尺五寸五分^[4]，床矮一尺^[5]。前平面板^[6]八寸八分大，一寸二分厚。起六个柱，每柱三才^[7]方圆。上下一穿^[8]，方好挂禅衣及帐帏。前平面板下要下水椹板，地上离二寸^[9]，下方仔盛板片^[10]，其板片要密。

注释

〔1〕禅床：在寺庙中，供僧人坐禅和休息的床榻。根据文中描述，禅床形态更接近榻。

〔2〕长依屋宽窄：禅床的尺寸要依据屋子的大小而定。

〔3〕但阔五尺：如果面阔为五尺。　　但：假如，如果。

〔4〕面前高一尺五寸五分：床最高的地方到地面的距离为一尺五寸五分。

〔5〕床矮一尺：床面的高度比较矮，为一尺。

〔6〕前平面板：床面四周的边框。

〔7〕才：应为"寸"之误。

〔8〕上下一穿：柱子上端用一根横木连接固定。

〔9〕地上离二寸：即离地面二寸。

〔10〕下方仔盛板片：安装横木来承托板片。　　方仔：应为"枋子"。

补说

《鲁班经》中所说的禅床，应该与一般的床不大相同。第一，高度比较矮，床面距离地面才一尺；第二，床面边沿立有六根比较粗的立柱，且柱头露在外面，便于挂禅衣和帐帏，柱子的位置文中未作说明，推测应是床四角各一个，床后侧再分立两个；第三，床面下安装水椹板。结合这些特征，禅床在一定程度上还带有宋代的特点，更像是带有围栏的榻。明万历年间的《水浒传》插图（图2-12）中，描绘了宋江到五台山参禅的场景，一位禅师坐在禅床之上，床面之下由木板围合，应与《鲁班经》中所说的"水椹板"相似。床上三面围合，虽然与《鲁班经》中立六根立柱略有区别，但功能基本相同，所以此禅床大致与《鲁班经》中文字描述的相同。反而《鲁班经》中给出的插图（图2-11）与文字描述之间存在较大差别。

　　明代文震亨在《长物志》中说："短榻高尺许，长四尺，置之佛堂、书斋，可以习静坐禅，谈玄挥麈，更便斜倚，俗名'弥勒榻'。"高濂在《遵生八笺》中说："短榻，高九寸，方圆四尺六寸，三面靠背，后背稍高如傍，置之佛堂、书斋闲处，可以坐禅习静，共僧道谈玄，甚便斜倚，又曰'弥勒榻'。"可见，这种矮榻，当时俗称"弥勒榻"，高度在一尺左右，甚至不足一尺，基本与《鲁班经》中的一尺相同；长度为四尺或四尺六，稍短于《鲁班经》中的五尺；结构上，都有靠背，可以供人倚靠；功能上，都是在书斋、佛堂中供人打坐、休息，与《鲁班经》中所说的禅堂也相符。综合以上几点，《鲁班经》中所说禅床应该是矮榻，也就是弥勒榻。

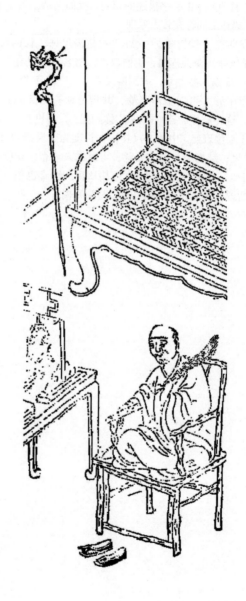

图2-11 《鲁班经》插图 禅床

五臺山宋江參禪

图2-12　明万历《水浒传》插图　五台山宋江参禅

四、桌案类

（一）桌

高二尺五寸，长短阔狭看按面[1]而做，中分两孔，按面下抽箱[2]，或六寸深，或五寸深，或分三孔[3]，或两孔。下踃脚[4]，方与脚一同大[5]，一寸四分厚，高五寸，其脚方员[6]一寸六分大，起麻横线[7]。

注释

〔1〕按面：应为"案面"，即桌面。

〔2〕抽箱：即抽屉。

〔3〕分三孔：分成三个抽屉。

〔4〕踃脚：应为"踏脚"之误。放在桌子下方，供脚踩踏的矮凳。

〔5〕方与脚一同大：（踏脚凳）的宽度与人脚的长度相同。　　方：宽度。

〔6〕其脚方员：踏脚凳的腿部的直径。　　方员：应为"方圆"。

〔7〕麻横线：腿部的一种线条。从发音推测可能是"麻杆线"，细长的圆柱形线脚。

补说

此处之"桌"，仅有高度，而没有给出桌面的长度和宽度。根据文中内容可知，此桌带有抽屉，可以盛放物品，桌子下方还有配套的脚凳。从《鲁班经》插图（图2-14）可以看出，桌面四周由四块边框板组成，桌面中心由多块木板拼合而成。桌面与桌腿的结合处装有牙子，在增强结构稳定性的同时，也增加了美感。不过，图中并未出现抽屉，可见，插图并未完全与文字内容相对应。

　　下文的"案桌式"条目，其内容与"桌"的内容重复，仅条目名称不同，但配图发生了变化（图2-15）。屏风前方的桌案带有桌帷，无法看到桌面下方的结构样式。不过，桌子存在带有抽屉的可能性。桌与屏风之间应是一把圈椅，罩上了华丽的锦绣织物。屏风与桌椅共同营造了一种华丽、庄重的气氛。

案桌式（此条目内容与前文"桌"相同，注解请查阅前文）

高二尺五寸，长短阔狭看按面而做。中分两孔，按面下抽箱，或六寸深，或五寸深，或分三孔，或两孔。下踏脚方与脚一同大，一寸四分厚，高五寸，其脚方圆一寸六分大，起麻橛线。

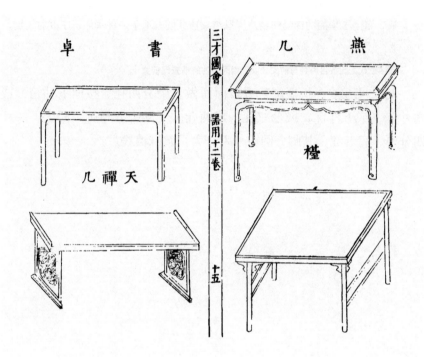

图2-13 明《三才图会·器用卷》中的桌案

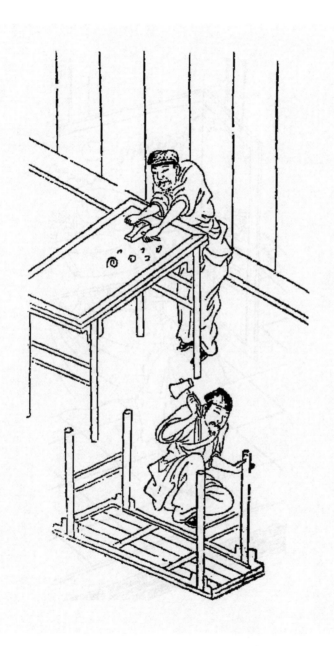

图2-14 《鲁班经》插图 桌案

图2-15 《鲁班经》插图 桌案

（二）八仙桌[1]

高二尺五寸，长三尺三寸，大二尺四寸，脚一寸五分大。若下炉盆[2]，下层四寸七分高，中间方员[3]九寸八分无误。勒水[4]三寸七分大，脚上方圆二分线[5]，桌框[6]二寸四分大，一寸二分厚，时师依此式大小，必无一误。

注释

〔1〕八仙桌：现在一般认为是四方形桌面，每边可以坐两人，共八人，故称八仙桌。但从文中尺寸来看，应为一长方形桌。

〔2〕炉盆：即炭火盆，供人取暖之用。

〔3〕方员：应为"方圆"。

〔4〕勒水：王世襄《明式家具研究》中解释"勒水"为牙子，位于桌面下方，连接两条桌腿的横木，可以使桌子更加牢固。

〔5〕脚上方圆二分线：桌腿做成内方外圆的形式。　二分：两种。　线：线条，此处理解为形式。

〔6〕桌框：即桌面边缘的边框。

补说

八仙桌，作为一种正方形桌，每边可坐两人，四边可以同时坐八人，故称八仙桌。对于它的功能，《长物志》卷六中说："若近制八仙等式，仅可供宴集，非雅器也。"可见，八仙桌是一种用于会客宴饮的桌子，并不适合文人摆放文玩字画。在《笔花楼新声》插图（图2-16）中，众人正围坐在一起，方桌上摆放着美酒佳肴。其中两边可以清楚地看到，都是坐了两个人，所以，可以判定这是一张八仙桌。

不过，《鲁班经》中的八仙桌并不是一个正方形，而是长方形。后文"一字桌式"中提到，将两张一字桌拼在一起也可以组成一张八仙桌，但根据尺寸，桌面依然是长方形，而非正方形。

图2-16 明万历《笔花楼新声》插图

（三）小琴桌[1]式

长二尺三寸，大一尺三寸，高二尺三寸。脚一寸八分大，下梢[2]一寸二分大，厚一寸一分上下，琴脚勒水二寸大[3]，斜斗[4]六分。或大者放长尺寸，与一字桌[5]同。

注释

〔1〕小琴桌：摆放古琴的小桌子。

〔2〕下梢：即收缩，桌腿由上到下逐渐变细。

〔3〕琴脚勒水二寸大：琴桌腿上部牙子大小为二寸。　琴脚：琴桌的腿。　勒水：牙子。

〔4〕斜斗：牙板安装要倾斜一定角度。从插图可见，小琴桌带有束腰，牙板为了与腿相接，需要向外倾斜一定角度。

〔5〕一字桌：桌面两端伸出较长，距离桌腿有一定距离。

补说

《鲁班经》中的小琴桌用于摆放古琴，桌面长度仅二尺三寸，要比古琴长度短一些，不过并不妨碍使用。古琴作为我国流传已久的乐器，已经成为中华民族的一个文化符号，很多名人、故事都与古琴有关。在流传甚广的《西厢记》中，也有与琴相关的情节（图2-18），张生坐在屋内，双手拨弄着琴桌上的古琴，而崔莺莺和红娘正在院中听他抚琴。不过，张生使用的琴桌应该要比《鲁班经》中的小琴桌长一些，古琴长度基本与琴桌长度相当。正因如此，恰好凸显了《鲁班经》中琴桌之"小"。

从尺寸来看，宋代赵佶《听琴图》（图2-19）中的琴桌与《鲁班经》中的小琴桌较为相似，琴桌长度约为古琴长度的三分之二。另外，《听琴图》中的琴桌的桌面下方有共鸣箱，可以起到扩音的效果，也许《鲁班经》中的小琴桌下方也有共鸣箱，只是文中内容过于简略，没有提及。此外，也可能在桌面上放"郭公砖"代替共鸣箱。宋代赵希鹄在《洞天清录集》中说："琴案须作维摩样，庶案脚不碍人膝，连面高二尺八寸，可入膝于案下而身向前。"可见，琴桌高度为二尺八寸，而《鲁班经》中小琴桌的高度为二尺三寸，二者相差五寸（即半尺，据文献和实物，宋代与明代一尺的长度基本都在32厘米左右，出入较小，故此处以每尺长度等值进行比较）。明代文震亨《长物志》中有关于琴台的记载："琴台以河南郑州所造古郭公砖，上有方胜及象眼花者，以作琴台，取其中空发响，然此实宜置盆景及古石；当更制一小几，长过琴一尺，高二尺八寸，阔容三琴者为雅。坐用胡床，两手更便运动；须比他坐稍高，则手不费力。更有紫檀为边，以锡为池，水晶为面者，于台中置水蓄鱼藻，实俗制也。"因此，当《鲁班经》中的小琴桌上面摆放"郭公砖"（其厚度约为半尺）时，总体高度则达到二尺八寸。《长物志》中除了琴台，后面还提到琴几，其高度也为二尺八寸。所以，为了便于弹琴，宋明时期琴桌总体高度基本都为二尺八寸。

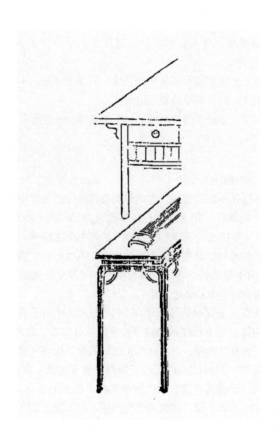

图2-17 《鲁班经》插图 小琴桌

图2-18　明万历《北西厢记》插图

图2-19　宋·赵佶《听琴图》

（四）棋盘方桌^{〔1〕}式

方圆二尺九寸三分。脚二尺五寸高，方员^{〔2〕}一寸五分大。桌框一寸二分厚，二寸四分大，四齿吞头^{〔3〕}四个，每个七寸长，一寸九分大。中截下绦环脚或人物^{〔4〕}，起麻出色线。

注释

〔1〕棋盘方桌：供下棋使用的方桌。

〔2〕方员：应为"方圆"。

〔3〕四齿吞头：应指抽屉，用于盛放棋子。

〔4〕中截下绦环脚或人物：中间安装绦环板或者雕刻人物（作为装饰）。

补说

棋盘方桌，是供人下棋使用的桌子。通常桌面选用套层做法，最上层为平常使用的桌面，挪开后则露出棋盘，棋盘可以做成双面，一面为围棋盘，另一面为象棋盘，棋子分别放在桌面下方的四个抽屉中。由于桌面的套层设计、安装抽屉，桌面结构会显得很厚，在桌面下方四周安装绦环板，与抽屉连为一体，能够起到美观和加固的作用。在《西厢记》中，崔莺莺与红娘二人在院中下棋，张生在旁边为红娘出谋划策，使用的似是一张棋盘方桌，桌面作棋盘，但无法看出盛放棋子的抽屉摆放在什么位置（图2-20）。

图2-20 明万历《西厢记》之《莺红对弈》

图2-21　竹节纹棋桌

此桌包含围棋、象棋和双陆棋三种娱乐项目。

濮安国:《中国红木家具》，北京: 故宫出版社，2012年，第140页。

（五）圆桌式

方三尺零八分^[1]，高二尺四寸五分，面厚一寸三分。串进两半边做^[2]，每边桌脚四只，二只大^[3]，二只半边做^[4]，合进都一般大^[5]，每只一寸八分大，一寸四分厚，四围三湾勒水^[6]。余仿此。

注释

〔1〕方三尺零八分：桌面的直径为三尺零八分。

〔2〕串进两半边做：做成两张完全相同的半圆形桌子，拼到一起可以合成一张圆桌。　串进：组合，拼合。

〔3〕二只大：两只桌脚要做得大，此处指桌面弧形边沿下方的两只桌腿。

〔4〕二只半边做：即做正常桌腿的一半，此处指半桌直边下方的两只桌腿。在两张半圆桌组合到一起时，正好与另一张半圆桌的半个桌腿组成一个整桌腿。

〔5〕合进都一般大：组合到一起，成为四条腿尺寸一样的圆桌。　合进：组合。

〔6〕四围三湾勒水：桌面下方安装有曲线变化的牙条。　三湾：应为"三弯"。　勒水：牙条。

图2-22　清嘉庆《孟母断机》

　　画面左上角挨着墙的地方，摆放着一张半圆桌，两张半圆桌组合在一起可以成为一张圆桌，桌面如同一轮圆月，当分开时，桌面则成为半月，故半圆桌常被称作"月牙桌"。这种组合使用的圆桌有很大的灵活性，半圆桌单独摆放在墙边，可以像香几一样使用，而且可以节省空间。当需要使用圆桌时，将两张月牙桌组合到一起即可。

（六）一字桌[1]式

高二尺五寸，长二尺六寸四分，阔一尺六寸。下梢一寸五分[2]，方好合进做八仙桌[3]。勒水花牙[4]，三寸五分大，桌头[5]三寸五分长，框一寸九分大[6]，乙[7]寸二分厚，框下关头[8]八分大，五分厚。

注释

〔1〕一字桌：长条桌、平头案，桌面细长如"一"。

〔2〕下梢一寸五分：桌面之下（桌腿）向内收一寸五分。

〔3〕方好合进做八仙桌：才好把两张一字桌组合到一起，拼成一张八仙桌。

〔4〕勒水花牙：使用带有花草的牙子。

〔5〕桌头：桌子的长边探出桌腿的部分。

〔6〕框一寸九分大：桌面窄边攒框板的宽度为一寸九分。

〔7〕乙：应为"一"。

〔8〕关头：桌面长边超出桌腿部分较长，下方装有牙板，为了美观，在两块牙板的外侧添加与之垂直的木板，这块木板就是关头。关头位于桌面下方，与桌面短边平行。

补说

一字桌，应是因为桌面细长如"一"字而得名。据文中描述，其"桌头"较长，桌腿在桌面内侧。腿的位置是区分桌与案的关键，缩进去一部分为案，腿的位置顶住四角则为桌。所以，一字桌应该是平头案。在明代《埋剑记》插图《疗疾》中，室内摆放的正是一张"一字桌"，桌腿在桌面内部，桌面两端突出，桌腿两侧都装有牙板（图2-23）。

从《鲁班经》的一字桌式正文还能发现其与"八仙桌"的关系："下梢一寸五分，方好合进做八仙桌。"一字桌的桌腿向内收了一寸五分，这样两张一字桌可以很好地拼合摆放在一起，就成了一张八仙桌，桌面长三尺六寸，宽二尺六寸四分。在前文"八仙桌"中，记载的八仙桌长度为三尺三寸，宽二尺四寸。可见，两张一字桌拼合后的尺寸与八仙桌相近。从而可以说明，《鲁班经》中的"八仙桌"的确不是一张四边相等的方桌，而是长方形桌。

图2-23　明万历《埋剑记》插图《疗疾》

（七）折桌^{〔1〕}式

框^{〔2〕}一寸三分厚，二寸二分大。除框^{〔3〕}，脚高二尺三寸七分正^{〔4〕}，方圆一寸六分大，下要稍去些^{〔5〕}。豹脚^{〔6〕}五寸七分长，一寸一分厚，二寸三分大，雕双线起双钩^{〔7〕}，每脚上要二笋斗^{〔8〕}，豹脚上要二笋斗，豹脚上方稳，不会动。

注释

〔1〕折桌：桌腿可折叠的桌子。

〔2〕框：即桌框，桌面四周组合成桌面边框的四块木板。

〔3〕除框：除去桌框的厚度。

〔4〕正：通"整"。

〔5〕下要稍去些：桌腿下部要稍微（比上部）细一些。

〔6〕豹脚：桌腿样式。

〔7〕雕双线起双钩：豹脚的线条修饰方法。

〔8〕二笋斗：两个榫卯。　笋：通"榫"。

（八）香几^{〔1〕}式

凡佐^{〔2〕}香几，要看人家屋大小若何而。大者，上层三寸高；二层三寸五分高；三层脚一尺三寸长，先用六寸大，役做^{〔3〕}一寸四分大；下层五寸高。下车脚^{〔4〕}一寸五分厚。合角花牙^{〔5〕}五寸三分大。上层栏杆仔^{〔6〕}三寸二分高，方圆做五分大。余看长短大小而行。

注释

〔1〕香几：摆放香炉的几案。

〔2〕佐：应为"做"之误。

〔3〕役做：挖弯头，用大材雕凿出带有弧度的形状，这种方式出于对形态的追求，容易造成木材的浪费。

〔4〕车脚：拖泥。

〔5〕花牙：也称花牙子，即有雕饰的牙子，明清家具的组成部件，在家具的面框下方，具有加固腿和面板的作用。

〔6〕栏杆仔：香几最上层平面上方边沿安装的栏杆，起到防止物体从香几上滑落的作用。

补说

香几，作为一种传统家具，与古代香文化紧密相连。香几之上主要放置香炉，有时也会摆放带有香气的花草。相较于桌案，香几体型较小，但结构更为复杂。从《鲁班经》中对香几的描述可以看出，从上到下要有五层。从形态看，香几主要分为方形和圆形。在明代的《三才图会》（图2-24）和很多版画（图2-25）中都出现过香几，它们或方或圆，还有其他花样，上面多摆放着香炉、蜡烛之类用于祭拜的物品。

其高度基本与桌案相同，所以，香几偶尔也会被当作小桌子使用，上面摆放一些酒食或茶水。在明代《红拂记》插图（图2-26）中即有一例，庭院之中，设有一方几，上面摆放了酒杯和酒壶，两侧各置一机凳。不远处站立两位女子，她们应该是刚在方几旁对坐吃完酒，起身在园中散步的。

香几

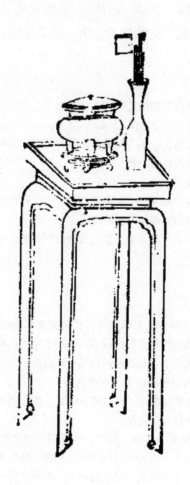

图2-24　明《三才图会》　香几

图2-25　明万历《琵琶记》插图

图2-26　明万历《红拂记》插图　香几

五、建筑构件

　　此处包含"诸样垂鱼正式"和"驼峰正格"两个条目，垂鱼和驼峰都是房屋建筑上兼具实用性和艺术性的构件，既保证建筑的稳定性和耐用性，也因为它们自身美丽的花样纹饰使建筑更加美观。它们的功能基本保持不变，但纹饰和形状则多有变化，特别是垂鱼，千变万化，使整个建筑的外观变得更加雅致动人。

（一）诸样^[1]垂鱼^[2]正式

凡作垂鱼者，用按营造之正式^[3]。今人又叹作繁针^[4]，如用此，又用做遮风及偃桷者^[5]，方可使之。今之匠人又有不使垂鱼者，只使直板^[6]。作如意，只作雕云样者，亦好，皆在主人之所好也。

注释

〔1〕诸样：各种样式。

〔2〕垂鱼：建筑细部构件，也称悬鱼，多为木板雕刻而成。位于悬山或歇山屋顶两山，安装在搏风板的人字正中间，形状似鱼。宋代《营造法式》中载"凡垂鱼，施之于屋山搏风板合尖之下"。

〔3〕营造之正式：建造房屋方面流传下来的比较正统的技术方式。

〔4〕繁针：繁复，密集。

〔5〕又用做遮风及偃桷者：又要制作遮蔽风雨和保护椽子的搏风板。　偃：通"掩"，掩盖，保护。　桷：方形的椽子。

〔6〕直板：即搏风板。

补说

垂鱼，也称悬鱼，作为建筑的小构件，常在悬山或歇山中配合搏风板使用。在功能上，能够与搏风板一起保护伸出山墙的檩条和椽子免受风雨的侵蚀，从而延长建筑的寿命。在装饰方面，垂鱼因为形状似鱼而得名，颇具装饰性。鱼在古代文化中寓意吉祥，"鱼腹多子"，体现了人们多子多孙的心愿；鱼与"余"同音，寓意年年有余、家有余庆等；从五行相克方面看，鱼为水中之物，象征水，可以克火，这样木构的房子在观念中就找到了防火的方式。总之，垂鱼成了人们祈福美好、追求安乐的一个符号。当然，垂鱼并非只有"鱼"一种形象，其他象征美好的纹饰图案也很常见。在《营造法式》卷十二的"雕作制度"中提到的纹样有海石榴花、牡丹花、莲荷花、万岁藤、卷头蕙草、蛮云等。通常，垂鱼会同惹草一同使用。惹草位于搏风板的下方、檩条朝向外侧的一端上，起到保护檩条的作用。不过，也有人认为垂鱼雕刻费工，选择使用不带纹饰的"素垂鱼"，或者只使用搏风板，而不使用垂鱼。

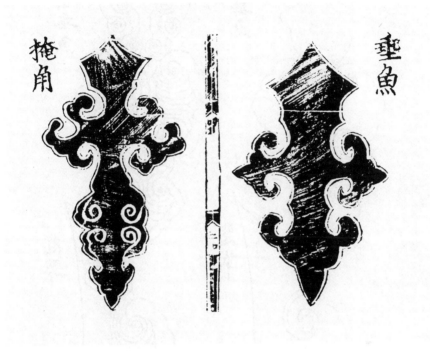

图2-27 《新编鲁般营造正式》中的垂鱼

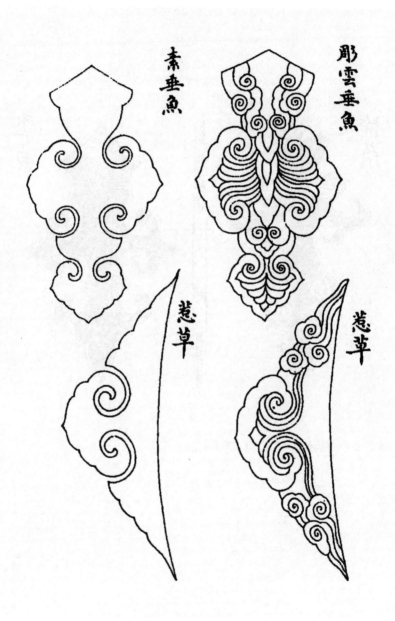

素垂魚

彫雲垂魚

惹草

惹草

图2-28　宋·李诫《营造法式》中的垂鱼与惹草

图2-29 《鲁班经》插图

（二）驼峰正格

　　驼峰[1]之格，亦无正样[2]。或有雕云样[3]，又有做毡笠样[4]，又有做虎爪如意样[5]，又有雕瑞草者[6]，又有雕花头者[7]，有做球捧格[8]，又有三蚌[9]。或今之人多只爱使斗[10]，立又童[11]，乃为时格[12]也。

注释

　　[1]驼峰：形状像骆驼的驼峰，用于支撑檩条。
　　[2]正样：标准的样式。
　　[3]雕云样：雕刻有祥云的样式。
　　[4]毡笠样：上小下大，像四周有帽檐的帽子。
　　[5]虎爪如意样：形似虎爪、如意的样式。
　　[6]雕瑞草者：雕刻具有祥瑞寓意的花草的驼峰。
　　[7]雕花头者：将驼峰雕刻成花头的样式。
　　[8]球捧格：团花锦簇的图样。
　　[9]三蚌：应为"三瓣"，指驼峰两侧各有三个花瓣，宋代《营造法式》中有此样式。
　　[10]斗：斗形的木垫块，上方承托梁和檩。
　　[11]立又童：应为"立叉童"之误，即树立叉手和童柱。叉手是安装在平梁上，与中间柱子相接，起到加固作用的两根斜置木料；童柱是安在梁架上不落地的短柱，也叫蜀柱、侏儒柱、浮柱、瓜柱等。
　　[12]时格：当时比较流行的样式。

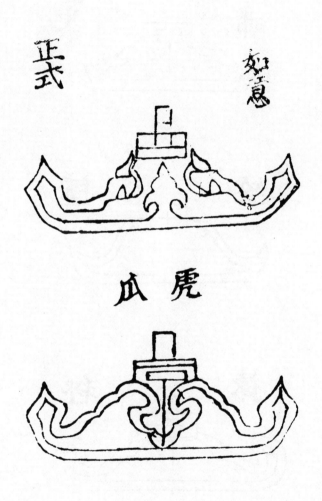

图2-30 《新编鲁般营造正式》插图　如意正式、虎爪

图2-31 《新编鲁般营造正式》插图 驼峰三瓣、毡笠、球捧

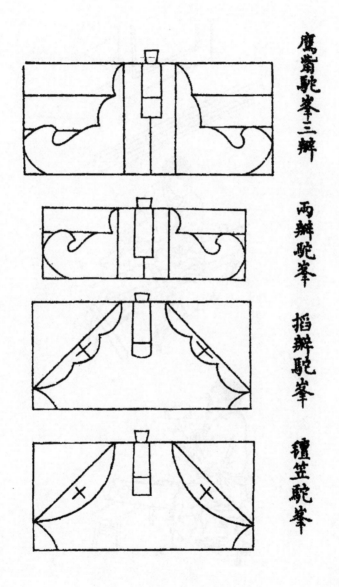

鹰嘴驼峰三瓣

两瓣驼峰

搯瓣驼峰

毡笠驼峰

图2-32　宋·李诫《营造法式》中的驼峰样式

图 2-33 《鲁班经》插图

六、架类

（一）衣架雕花式

雕花者五尺高，三尺七寸阔，上搭头[1]每边长四寸四分，中绦环[2]三片，桨腿[3]二尺三寸五分大，下脚[4]一尺五寸三分高[5]。柱框[6]一寸四分大，一寸二分厚。

注释

〔1〕搭头：即搭脑出头的部分。衣架最上方用于搭衣服的横木两头位于竖柱外侧的部分就是搭头。

〔2〕绦环：即绦环板。具有装饰功能的嵌板，一般是多个同时使用。

〔3〕桨腿：处在衣架立柱前后位置相对称的牙子，上小下大，起到稳定作用，防止衣架倾倒。

〔4〕下脚：与地面相接，起支撑作用的两根横脚，使衣架能够直立。与屏风的桨腿相似。

〔5〕高：应为"长"。

〔6〕柱框：衣架两侧起支撑作用的边框，作用与柱子相同，但为扁平的木条。

图2-34　黄花梨衣架

　　古斯塔夫·艾克著，高灿荣译：《中国花梨家具图考》，南天书局，第147页。衣架顶部搭脑高168.5cm，搭头高176cm，足宽47.5cm。

（二）素衣架[1]式

高四尺零一寸，大三尺，下脚一尺二寸，长四寸四分。大柱子一寸二分大，厚一寸。上搭脑出头二寸七分。中下光框[2]一根，下二根窗齿[3]，每成双，做一尺三分高，每眼齿仔八分厚，八分大。

注释

〔1〕素衣架：没有装饰的衣架。

〔2〕光框：与上方的搭脑平行，与两侧的立柱共同组成中空的框架结构的横木。

〔3〕窗齿：类似于直棂窗中细长的木条。

图2-35　明《博笑记》插图

　　在房间中，男女主人对坐于饭桌前，旁边是负责倒酒的童子，童子身后摆放着一个衣架，上面搭着一件衣服。衣架较为朴素，结构简单，仅两头有装饰。

图2-36　清顺治《奈何天》插图
衣架摆放在床头，上面搭着衣物。

（三）面架^{〔1〕}式

前两柱一尺九寸高，外头二寸三分^{〔2〕}，后二脚四尺八寸九分，方圆一寸一分大。或三脚者^{〔3〕}，内要交象眼^{〔4〕}，除笋^{〔5〕}画进一寸零四分，斜六分^{〔6〕}，无误。

注释

〔1〕面架：盛放洗脸盆的支架。

〔2〕外头二寸三分：两根前柱顶端向外倾斜二寸三分。

〔3〕或三脚者：也有三条腿的盆架，应该是前面一条腿，后面两条高腿。

〔4〕交象眼：用于承托洗脸盆的三根枨子相交在一起，中间形成"△"，称作"象眼"。

〔5〕除笋：或为"出榫"。

〔6〕斜六分：榫头要做成斜六分的样子。因为需要"交象眼"，具有一定斜度的榫与之组合，会更加牢固。

图2-37　明崇祯《二刻拍案惊奇》插图

　　房屋内左侧角落，摆放着一副面架，后方两根高柱顶端连接的横梁上搭着面巾。此面架
整体结构简洁，没有多余装饰。

（四）雕花面架式

后两脚五尺三寸高，前四脚二尺零八分高，每落墨三寸七分大[1]，方能役转[2]，雕刻花草。此用樟木[3]或南木[4]，中心四脚，折进[5]用阴阳笋[6]，共阔一尺五寸二分零。

注释

〔1〕每落墨三寸七分大：在落墨画线的时候，（由于要做曲线、雕刻花草等）需使几只脚粗大一些，直径三寸七分。

〔2〕役转：与后文"役做"含义相同，即挖弯头，将大料挖成带有弧度的形态，此种方式存在浪费木料的问题。

〔3〕樟木：属于常绿乔木，木材密度大，质重而硬，本身有强烈的樟脑香气，能够防虫防蛀、驱霉防潮。

〔4〕南木：应为楠木。亚热带樟科常绿大乔木的一种，木质坚硬，经久耐用，有很好的抗腐性，带有特殊的香味，可避免虫蛀。

〔5〕折进：折叠。

〔6〕阴阳笋：即"阴阳榫"。

图2-38　明崇祯《二刻拍案惊奇》插图

　　床头摆放着一副面架，前面两柱矮，后方两柱高。连接两根后柱顶端的横梁上面还搭着面巾。此面架较为华丽，在顶端横梁两侧起翘，装饰有类似凤纹的木雕图案。

（五）鼓架式

二尺二寸七分高，四脚方圆一寸二分大，上雕净瓶头[1]三寸五分高。上层穿枋仔四、八根[2]，下层八根。上层雕花板，下层下绦环[3]。或做八方者[4]，柱子、横横仔[5]尺寸一样，但画眼上每边要斜三分半，笋[6]是正的，此尺寸不可走分毫，谨此。

注释
〔1〕净瓶头：柱头雕刻成净瓶样式。
〔2〕上层穿枋仔四、八根：四根柱子的上部安装四根或八根横木进行连接。 枋仔：枋子，横木。
〔3〕上层雕花板，下层下绦环：在上层枋子上安装雕花板，在下层的枋子上安装绦环板。
〔4〕八方者：俯视角度呈八边形的鼓架，即使用八根立柱的鼓架。
〔5〕横横仔：水平方向的木条，即上文中的"枋仔"。
〔6〕笋：通"榫"。

补说
鼓，作为打击乐器，在我国有着悠久的历史。相传，在上古时期便出现了泥土烧制的陶鼓。此外，常见的鼓多由兽皮、铜等制作而成。至于其用途，包括战争中的击鼓进兵，宴会中的击鼓奏乐等多方面。同时，鼓的形状也多种多样，与之相对应的鼓架也多种多样。《鲁班经》中此处主要提到了四根立柱、八根立柱两种形制。另外，横向使用的枋子的多少，也决定了鼓架是否使用雕花板。例如，在四柱鼓架中，如果上层使用四根枋子，就不会再安装雕花板，若是安装八根枋子，则两根平行的枋子之间可以安装雕花板，起到很好的装饰作用。鼓在古代生活中使用非常频繁，《明清民歌时调集》记载了有关鼓的民歌："花花鼓儿谁不好，翻转来，覆转去。播上千遭，两片皮弄出多般腔调。一会儿是紧板，一会儿慢慢敲。弄得皮宽也，钉儿渐渐少。"

图2-39　明万历《千金记》插图　使用六根柱子的鼓架

图2-40 明万历《目连救母》插图 两根立柱支撑的鼓架

图2-41 明万历《四声猿》插图 使用四根立柱的鼓架

图2-42　明万历《四声猿》插图《渔阳意气》　一根立柱支撑的鼓架

图2-43 明崇祯《投笔记》插图
使用四根立柱的鼓架，上层、下层的枋子均为四根，未使用雕花板。

图2-44 清康熙《雅趣藏书》之《斋坛闹会》

　　图中为六根立柱的鼓架，上层使用了雕花板，似为如意纹，下层仅使用六根枋子，未安装雕花板。

图2-45 明万历《顾曲斋元人杂剧》插图《唐明皇秋叶梧桐雨》
三根柱子组成的鼓架，形态简单，结构巧妙。

（六）铜鼓架式

高三尺七寸，上搭脑[1]雕衣架头花[2]，方圆一寸五分大。两边柱子俱一般[3]，起棋盘线[4]，中间穿枋仔要三尺高[5]，铜鼓挂起，便手好打。下脚雕屏风脚样式，桨腿[6]一尺八寸高，三寸三分大。

注释

〔1〕搭脑：家具中的构件，指椅子、衣架等家具最上端的横梁。

〔2〕头花：即花头，雕刻了纹饰的柱头，起装饰作用。

〔3〕俱一般：都一样。

〔4〕棋盘线：一种平直的线脚。

〔5〕中间穿枋仔要三尺高：在离地面三尺高的地方安装一根横枋到两根柱子上。　枋仔：即枋子，起连接作用的横木，在家具中一般被称作"枨"。

〔6〕桨腿：站牙，对称安装在立柱前后，起支撑固定作用。

图2-46 《鲁班经》插图　衣架、伞架、铜鼓架

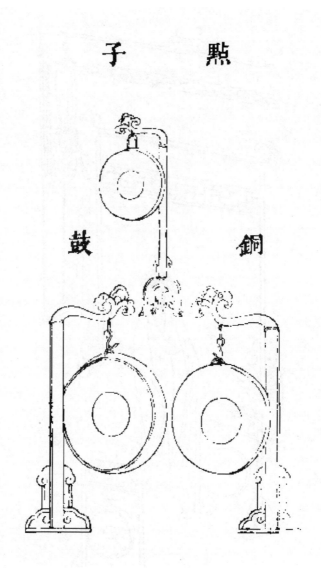

图2-47 明《三才图会》中的铜鼓

　　此铜鼓架与《鲁班经》中的略有不同，采用单柱承托，可见铜鼓架样式并不唯一。但是，两种铜鼓架腿部采用的结构是一样的，都是在柱子两侧安装对称的桨腿，既实现了结构上的稳定，还带有了艺术上的对称美。

（七）花架式

大者六脚，或四脚，或二脚。六脚大者，中下骑相[1]一尺七寸高，两边四尺高，中高六尺，下枋二根，每根三寸大，直枋二根，三寸大。直枋二根，三寸大。（注：此句重复）五尺阔，七尺长，上盛花盆板一寸五分厚，八寸大，此亦看人家天井大小而做，只依此尺寸退墨，有准。

注释

〔1〕骑相：被骑着的箱体，位于较低的位置。骑箱上方用于摆放花盆。　相：同"箱"。

补说

遗留下来的花架，多供室内摆放使用，而《鲁班经》中的花架为室外天井中使用的器物，故在体型上比较大。但因为常年摆放于室外，必然会受到日晒雨淋之类的侵蚀，同时，室外的花架体型庞大，不便于挪动保藏，这些都使得室外花架比室内的小型花架更容易损坏。或因此，在制作过程中会更倾向于使用普通木材。

图2-48　明崇祯《西厢记真本》插图　室内的小型花架

图2-49　根据《鲁班经》内容绘制的六腿花架（绘图：姚洋）

（八）凉伞[1]架式

二尺三寸高，二尺四寸长。中间下伞柱仔[2]，二尺三寸高，带琴脚[3]在内算。中柱仔二寸二分大[4]，一寸六分厚[5]，上除三寸三分[6]，做净平头[7]。中心下伞梁一寸三分厚，二寸二分大，下托伞柄，亦然而是。两边柱子[8]方圆一寸四分大，窗齿[9]八分大，六分厚。琴脚五寸大，一寸六分厚，一尺五寸长。

注释

〔1〕凉伞：古时用于遮阳的伞。凉伞带有一定的礼仪性质，从古代文献来看，凉伞并非任何人都能使用，有一定地位的官员才能在出行时使用。宋代宋敏求《春明退朝录》（卷下）："京城士人，旧通用青绢凉伞。大中祥符五年九月，惟许亲王用之，余并禁止。六年六月，始许中书枢密院依旧用伞出入。"明代何孟春《馀冬序录》（卷十）："京师制不许用凉伞，暑月惟堂上官得用黑油长柄大扇。"

〔2〕中间下伞柱仔：两柱中间是安放伞柄的地方。　伞柱仔：伞柄。

〔3〕琴脚：柱子下方起支撑作用的横木。

〔4〕中柱仔二寸二分大：两侧柱子的长为二寸二分。此处柱子应为长方体，长并不代表最长边的尺寸。　中柱仔：应指伞架两侧的柱子，但不知为何带有"中"字。

〔5〕一寸六分厚：与上句相连，应指柱子的宽为一寸六分。

〔6〕上除三寸三分：留出（柱子）最上端的三寸三分。　除：留出。

〔7〕净平头：应为"净瓶头"，颈部细、口部和瓶身粗的形状。

〔8〕两边柱子：连接伞梁和托伞柄的底座的柱子。

〔9〕窗齿：位于两边柱子中间，且与之平行的木条，类似窗棂，因此称作窗齿。

补说

根据古代留下来的图画和文献资料，我国古代的伞，从功能角度看，分为礼仪用伞（凉伞）和实际遮雨的伞（雨伞），明代《三才图会》中便如此分类（图2-51）。从形制上看，应该基本都是长柄的伞，在闭合状态下，伞柄长度应达到伞盖长度的两倍（图2-52）。因为伞柄很长，伞架才形似兵器架（图2-53、图2-54）。

伞柄的长度应与使用者的身份地位相关。古代使用伞的人都具有一定的身份地位，如官员、士绅等。但他们不会自己打伞，而是由家中奴仆做这项工作（图2-55、图2-56）。明嘉靖年间，广东广州南海县人霍韬在《霍渭厓家训》中说"非生员、举人，出入不许用仆人执伞"；"凡庶人年四十以上，出入许用仆一人执伞，许自雇募。未四十不许"。然而，身份有别，主仆不能并排而行，常常是主人在前，仆人在后方伺候，只有长柄才能够符合这一需求。有的时候，出于特殊需要，伞可以做得很大，一把伞下可以覆盖好几个人，只需要一个仆人为众人撑伞即可（图2-57）。

当然，从实用效果来看，选择将伞做成长柄也有一定的好处。外出旅行，长柄雨伞方便携带，可以直接扛在肩上（图2-58）。在长时间行路后，还可以当作拐杖使用。如果旅途中遇到危险，还能当武器防身。

图2-50 《鲁班经》插图中的凉伞架(画面右侧)

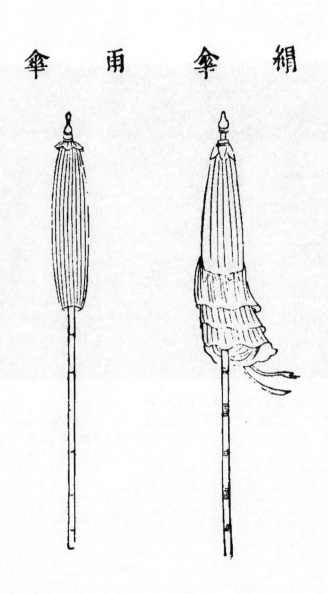

图2-51　明《三才图会》中的绢伞和雨伞

图2-52　明·仇英《清明上河图》局部

　　街市中一个小贩右臂抱着数把雨伞，左肩扛着一把雨伞，无一例外都是长柄。再结合别的图画资料，可以推测我国古代的伞在很长的时期内都是长柄的，基本与成人身高相当。

图2-53　清易简本《清明上河图》局部

　　在卖伞的店铺旁边有一个伞架，上面立着几把大小不一的伞，类似现代店铺中的橱窗展示。同时，伞架的使用方法，证明了当时伞柄的长度比伞盖的半径长出很多，甚至有一人高。

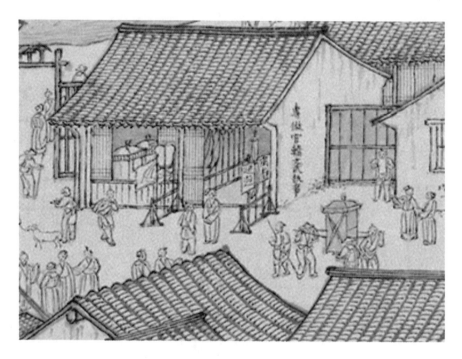

图2-54　清·沈源《清明上河图》局部
　　一家做官轿仪仗出租生意的店铺，门前两侧摆放着插满仪仗用品的架子，其中一侧立有一柄凉伞。这里的架子与《鲁班经》中插图里的伞架基本一样。

图2-55　明万历《琵琶记》插图

图2-56 清·冷枚《雪艳图》

图2-57　明崇祯《新刻绣像批评金瓶梅》插图《元夜游行遇雨雪》

图2-58 明·仇英《清明上河图》
在赶往城市的路途中，一个行人肩上扛着一把合起的伞，在伞柄的后方还挂着一个包袱。

七、坐具类

（一）禅椅[1]式

一尺六寸三分高，一尺八寸二分深，一尺九寸五分深，上屏[2]二尺高，两力手[3]二尺二寸长，柱子方圆一寸三分大。屏，上七寸[4]，下七寸五分[5]，出笋三寸斗枕头[6]。下盛脚盘子[7]，四寸三分高，一尺六寸长，一尺三寸大，长短大小仿此。

注释

　　[1]禅椅：供僧人打坐、休息的椅子。

　　[2]上屏：安装屏板。　屏：椅背中间连接椅面和靠背最上方横木的木板，供人倚靠之用。

　　[3]力手：即手可以用力的地方，指代椅子的扶手。

　　[4]上七寸：屏板上方宽度为七寸。

　　[5]下七寸五分：屏板下方宽度为七寸五分。

　　[6]出笋三寸斗枕头：屏的上方留出三寸长的榫，用以与上方横向的搭脑拼合。　笋：通"榫"。　斗：拼合，组合。　枕头：椅子最上方供人的头部枕靠的横木，即搭脑。

　　[7]盛脚盘子：椅子前方供人踩踏的脚凳。

补说

　　明代文震亨在《长物志》中描述禅椅时说："以天台藤为之，或得古树根，如虬龙诘曲臃肿，槎枒四出，可挂瓢笠及数珠、瓶钵等器，更须莹滑如玉，不露斧斤者为佳。近见有以五色芝粘其上者，颇为添足。"那么，禅椅应当与普通座椅有一定的区别，其表面并不平整，带有一定的天然枝杈，既显古朴天然，又可用来挂僧人的一些法器。《鲁班经》的插图（图2-59）中有一僧人静坐的禅椅，表面多有斑驳，不平整，正与文震亨的描述相合。

同样生活在明代的高濂在《遵生八笺》中两次提及禅椅。在《怡养动用事具·禅椅》中说："禅椅较之长（常）椅，高大过半，惟水摩者为佳。斑竹亦可。其制惟背上枕首横木阔厚，始有受用。"可见，禅椅表面不平整，应该是较为普遍的特征。高濂指出禅椅"背上枕首横木阔厚"，也就是椅子搭脑中部阔厚，这与《鲁班经》中所说的"出笋三寸（约10厘米）斗枕头"是较为相符的。在《高子书斋说》中，高濂说："坐列吴兴笋凳六，禅椅一，拂尘、搔背、棕帚各一，竹铁如意一。"可见，禅椅除了在寺院中使用，也成为文人雅士书房中较为常用的坐具，用于修身养性，提升个人境界。

除了《鲁班经》中提到的木制外，禅椅还有其他材质，如明代的《顾绣十六应真册》中出现的竹制禅椅（图2-60）。至于禅椅的样式，也并不只有一种，在清代丁观鹏所画的《法界源流图》中出现过多种样式的禅椅（图2-61）。

图2-59　《鲁班经》插图　禅椅

图2-60　明《顾绣十六应真册》中的竹制禅椅

图2-61　清·丁观鹏《法界源流图》中的禅椅

（二）交椅[1]式

做椅，先看好光梗木头及节[2]，次用解开[3]。要干[4]，枋才[5]下手做。其柱子一寸大，前脚[6]二尺一寸高，后脚[7]式[8]尺九寸三分高，盘子[9]深一尺二寸六分，阔一尺六寸七分，厚一寸一分[10]。屏[11]，上五寸大，下六寸大，前花牙[12]一寸五分大，四分厚，大小长短依此格。

注释

〔1〕交椅：可折叠的座椅，源自北方少数民族的胡床。一定意义上可以理解为带靠背的马扎，但形体更大。

〔2〕先看好光梗木头及节：首先要对木材进行挑选，光滑平整没有枝节的木头为好。

〔3〕次用解开：然后对木材进行分解。　次：其次，然后。

〔4〕干：干燥，水分少。

〔5〕枋才：应为"方才"，意为才好。

〔6〕前脚：交椅展开时，伸向前方的两根较短的腿。

〔7〕后脚：交椅中与靠背为一体的两根长腿。

〔8〕式：应为"弎"之误，即"三"。

〔9〕盘子：交椅的座面。

〔10〕厚一寸一分：应指座面前后边缘的木材的厚度为一寸一分。

〔11〕屏：椅子靠背中间的木板，上接搭脑，下连椅面。

〔12〕前花牙：王世襄在《明式家具研究》中认为，前花牙是交椅前方脚踏上的一条花牙，这也符合前方的位置，应该有一定道理。但文中并未提及脚踏，另外这是在对屏板尺寸做说明后提到的"前花牙"，也许二者之间存在关系，且屏板与搭脑或椅面之间都可以安装牙子进行装饰和加固。所以，此处可能是指椅面后方与屏板相连接处的牙子。

补说

交椅源自游牧民族的胡床（即马扎），在其基础上添加靠背就成了"椅子"。交椅便于携带。外出时，身份高的人坐交椅，由此，出现了象征权力和地位的"第一把交椅"的说法。宋代的《春游晚归图》（图2-63）中，一行人正从郊外游玩归来，主人骑着高头大马，手执马鞭，几个仆人环绕在周围，队伍后面几个仆人扛着郊游使用的物品，其中一人肩头扛的正是一把折叠着的交椅，应是主人在郊外的坐具。随着交椅成为身份的象征，明代厅堂正位上也常会摆放交椅，明代《还带记》插图（图2-64）中就展现了这样的画面，厅堂中心摆放着一把靠背平直的交椅，后面则是同样具有象征意义的大屏风。论及身份尊贵，当属皇帝，在清代的《乾隆皇帝元宵行乐图轴》（图2-65）中，展现了皇族子弟们在宫苑之中庆贺元宵佳节的情景，乾隆皇帝则在楼上观看这热闹场面，他的座椅正是一把交椅。

图2-62 《鲁班经》插图 交椅、灯挂椅、扶手椅

图2-63　宋·佚名《春游晚归图》局部

图2-64　明万历《还带记》插图
厅堂上摆放着一把交椅，结构较为简单，靠背平直，没有做成圈椅的样式。

图2-65　清·佚名《乾隆皇帝元宵行乐图轴》(局部)　乾隆皇帝坐于交椅之上

（三）学士灯挂[1]

前柱一尺五寸五分高，后柱子二尺七寸高，方圆一寸大。盘子[2]一尺三寸阔，一尺一寸深。框[3]一寸一分厚，二寸二分大。切忌有节树木[4]，无用[5]。

注释

〔1〕学士灯挂：本指用于挑灯的灯杆，古代文人夜间行路，由童子在前方以灯杆挑着灯笼引路，故而与学士发生了联系。但此处正文所指应是"灯挂椅"。

〔2〕盘子：椅面。

〔3〕框：椅面四周的边框。

〔4〕有节树木：带有枝杈的木材。　节：树节，树干与旁支的交接点。

〔5〕无用：没有用处，不能使用。

补说

灯挂，本是指用于挑灯的灯杆，因灯挂椅靠背上方搭脑两侧的形状与灯挂相似，故而得名。从文中描述来看，其构件与靠背椅相似，尺寸大小也与座椅相差无几。在选材方面，虽然没有指明使用什么木材，但也能看出需要精挑细选，不能使用带树节的木材，因为树节容易成为虫子叮咬、湿气侵蚀的地方，从而影响使用寿命。在交椅式中也说要"看好光梗木头及节"。另外，在《鲁班经》有关椅子的插图中（图2-62），交椅旁边有一把灯挂椅。所以，综合来看，学士灯挂所描述的应为灯挂椅。

图2-66 明万历《新镌考正绘像注释古文大全》插图《孔明奏表出师》

图2-67　明万历《金印记》插图《家门正传》中的灯挂椅

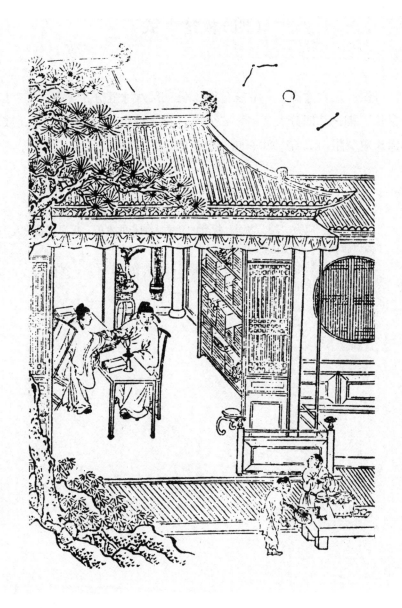

图2-68　明崇祯《八公游戏丛谈》插图《夜读图》中的灯挂椅

　　古人虽然讲究礼仪，要坐姿端正，但偶尔也会有得意而忘形的时候。画中二人正秉烛夜读，其中一人激动得将身子前倾，椅子也跟着向前，仅两条前腿着地。

（四）板凳[1]式

　　每做一尺六寸高，一寸三分厚，长三尺八寸五分，凳要[2]三寸八分半长，脚一寸四分大，一寸二分厚，花牙勒水[3]三寸七分大，或看凳面长短及粗[4]，凳尺寸一同，余仿此。

注释

　　〔1〕板凳：即长条凳，凳面细长，可同时坐二至三人，故也称条凳。
　　〔2〕要：应为"腰"之误，板凳的凳面为细长的木板，犹如直立的人，其窄面以腰相称，指代凳面的宽度。
　　〔3〕花牙勒水：凳面下方与腿连接，起加固作用的牙条、牙子。
　　〔4〕粗：指粗细。

图2-69 明崇祯《精镌合刻三国水浒全传》插图《智深打镇关西》

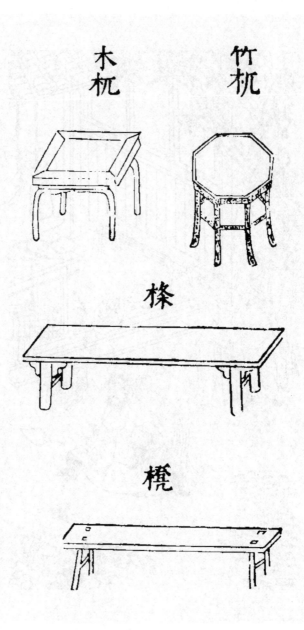

图2-70　明《三才图会》中的各式凳机

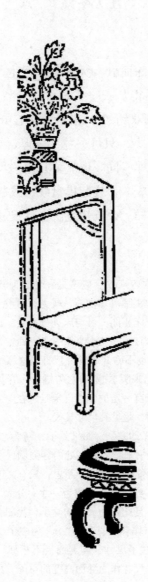

图2-71　《鲁班经》插图

（五）琴凳[1]式

大者看厅堂阔狭浅深而做。大者高一尺七寸，面三寸五分厚，或三寸厚，即敤[2]，坐不得。长一丈三尺三分，凳面一尺三寸三分大。脚七寸分大[3]，雕卷草双钓[4]，花牙四寸五分半，凳头[5]一尺三寸一分长。或脚下做贴仔[6]，只可一寸三分厚，要除矮脚一寸三分才相称[7]。或做靠背凳，尺寸一同。但靠背只高一尺四寸则止。横仔[8]做一寸二分大，一尺五分厚[9]。或起棋盘线，或起刃脊线[10]，雕花亦而之[11]，不下花者[12]同样。余长短宽阔在此尺寸上分，准此。

注释

　　[1] 琴凳：根据内容来看，应该是一种体型较大的板凳，长度可超过一丈，故从发音、字形和实际尺寸推断，或为"春凳"。春凳是一种宽而长的板凳，高度和长度一般与床相同，可与床进行拼接，从而扩大床的面积，也可以作床使用，供人休息。在《红楼梦》第三十三回中，贾宝玉被打后，王熙凤命令丫鬟："糊涂东西，也不睁开眼瞧瞧！打的这么个样，还要换着走！还不快去把那藤屉子春凳抬出来呢。"贾府财力雄厚，春凳自然也更精巧，中间换成了藤条编成的软屉，带有一定的弹性，宝玉趴在上面自然会更加舒适。这里可以把春凳当作担架使用，足见其尺寸较大。

　　[2] 即敤：或为"即差"，如果差了，意为"若不是上文所说的两个尺寸"。从《鲁班经》全书来看，有多处内容强调尺寸的吉凶，工程造作需要选择合适的尺寸。此处可能也包含这个意思，只有文中提供的两个尺寸适宜。

　　[3] 脚七寸分大：凳腿的直径或为一寸七分大。如果"寸"字为多字，则七分的凳腿显得较细，且此处为大型的凳子，凳腿要更为粗大，才能满足承重需要。但如果将七寸当作凳腿直径，"分"为多余，同样不妥，七寸的直径超过20厘米，近似房屋柱子尺寸，与凳面极不相称。另外，前句中已经指明此凳的高度，排除了这一尺寸作为凳面高度的可能。所以推测此处尺寸为凳腿直径，数值应是一寸七分。书中交椅、禅椅等坐具的腿部尺寸多为一寸，此处"琴凳"作为大型坐具，一寸七分的凳腿便显得较为合适。

　　[4] 卷草双钓：应为"卷草双钩"，凳腿上的图案。

〔5〕凳头：凳腿与凳面相接之处到凳面短边的部分。

〔6〕贴仔：两条凳腿下方的横木，也称"拖泥"。

〔7〕要除矮脚一寸三分才相称：要使凳腿缩短一寸三分才能跟"凳面"相称。贴子的高度为一寸三分，在加了贴子后，凳子高度会增加，所以只能让凳腿变短一寸三分。

〔8〕横仔：即枋子，横木，此处为椅背最上方的横木，或因靠背只有一尺四寸高，横木只能供背部依靠，而非头部，因而不称"搭脑"。

〔9〕一尺五分厚："尺"应为"寸"之误，厚度为一尺多，在此处并不相称。

〔10〕刃脊线：即剑脊线，如剑身一样，中间高两边逐渐降低。

〔11〕亦而之：也可以。

〔12〕不下花者：不进行花纹装饰的。

补说

结合"琴凳式"正文内容，可以推断"琴凳式"或应为"春凳式"，主要依据有三点：

其一，从字形看，"琴"与"春"存在一定的相似之处。古代雕版印刷中，木板常出现裂纹，导致文字笔画断裂，"春"字上半部分竖向裂开，则形似两个"王"；同时，如果"春"字下方的"日"左侧的竖画和下方的横画模糊，就基本与"琴"字相同了。

其二，从尺寸看，春凳尺寸较大，是一种宽而长的凳子，可以坐多人，也可以当临时的床。清代档案材料中载："雍正元年四月十九日，清茶房首领太监吕兴朝传旨：'着做楠木春凳二个，杉木罩油春凳四个，俱长四尺三寸五分，宽一尺三寸，高一尺二寸五分。钦此。'"同年九月初四，怡亲王谕："着做书架一连，高六尺九寸，宽八尺八寸五分，入深一尺。书架四个，各高六尺九寸，宽五尺二寸，入深一尺。春凳二连，高二尺二寸，宽一尺二寸，长一丈一尺，遵此。"所以，春凳确实存在长度超过一丈的情况。

其三，古代并无琴凳一物，古人弹琴坐具选择较为随意，可凳，可椅，亦可席地而坐。文震亨在《长物志》的"琴台"一则中建议以胡床为坐具，可见当时并无专用的琴凳。

图2-72　明·仇英《清明上河图》局部

　　道地药材铺前面摆放着一张很长的凳子，凳面宽度将近一尺，长度估计在两米五左右，且带有靠背。

图2-73　明·仇英《清明上河图》局部

　　纱罗缎绢的店面前方和右侧都摆放着带有靠背的长凳，宽度近一尺，长度在一米八左右。

（六）杌子〔1〕式

面一尺二寸长，阔九寸或八寸，高一尺六寸，头空〔2〕一寸零六分画眼〔3〕，脚方圆一寸四分大，面上眼斜六分半〔4〕。下横仔〔5〕一寸一分厚，起刃脊线〔6〕。花牙〔7〕三寸五分。

注释

〔1〕杌子：小凳子。

〔2〕空：空出，即从面板边沿向内空出一定的尺寸。

〔3〕画眼：挖榫孔。

〔4〕面上眼斜六分半：凳面上的榫眼要向外斜六分半。

〔5〕横仔：连接并加固凳腿的横木，通常称"枨子"。

〔6〕刃脊线：即剑脊线，线脚的一种，如剑身一样，中间高两边逐渐降低。

〔7〕花牙：雕刻有花纹的牙子。

补说

《长物志》中说："杌有二式，方者四面平等，长者亦可容二人并坐，圆杌须大，四足彭出，古亦有螺钿朱黑漆者，竹杌及绦环诸俗式，不可用。"这里对杌子的种类做了说明，从形状看，分为方形和圆形两种。方形的杌子尺寸有大小之别，大的凳面尺寸较长，可以容二人同坐。圆杌，体量比较大，四足向外凸出，呈弧形。从装饰上看，有装饰螺钿的和刷红漆、黑漆的。从材质上看，主要分为木材、竹子两种。

《鲁班经》中杌子的材质为木材。从尺寸来看，应该是长方形凳面，且仅容一人落坐。

古代杌子具有一定的身份等级特性。宋代陆游在《老学庵笔记》中说："往时士大夫家妇女坐椅子、杌子，则人皆讥笑其无法度。"可以看出，在古代妇人坐椅子、杌子是不合礼仪法度的。《红楼梦》第三十五回：玉钏儿自个儿往一张杌子上坐下了，莺儿却不敢坐，站着。袭人心细，忙端了个脚踏来让莺儿坐，莺儿还是不敢坐，还是站着。莺儿作为落魄的薛家的丫鬟，不但不敢坐杌子，就连本是用于放脚的低矮的脚踏都不敢坐。可见，杌子的级别高于低矮的脚踏，同时脚踏在一定情况下也可以视为坐具使用。

图2-74　明万历《义侠记》　屋内摆放的方形杌子

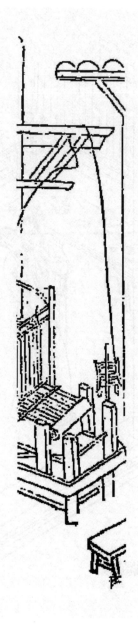

图2-75 《鲁班经》插图　在纺织机旁边使用的小凳子

（七）搭脚仔凳[1]

长二尺二寸，高五寸，大四寸五分大，脚一寸二分大，一寸一分厚，面起刃春线[2]，脚上厅竹圆[3]。

注释

〔1〕搭脚仔凳：也称脚凳，当人坐在椅子上时，放于椅子前方，用来搭放双脚的矮凳。

〔2〕刃春线：应为"刃脊线"。　春：应为"脊"之误。

〔3〕脚上厅竹圆：凳腿为类似于竹筒的圆柱形。　厅竹圆：或与前文屏风条目中的"改竹圆"含义相同。

补说

搭脚仔凳，是用于搭放双脚的矮凳，也称作脚凳。明代高濂十分注重养生，他认为涌泉穴是人产生精气的地方，经常按摩对人大有裨益，但平常需要人力按摩，不是很方便。于是，高濂想出了简便易行的方法，对脚踏加以改进，将凳面空出两块地方，安装两根可以转动的圆木，当人坐在椅子上时，双脚在脚踏的圆木上来回搓动，就起到了按摩涌泉穴的作用。

文震亨在《长物志》中记录了三种脚凳，分别是木质的可以按摩涌泉穴的滚凳、竹制的脚凳和适宜夏季解暑使用的古琴砖脚凳："以木制滚凳，长二尺，阔六寸，高如常式，中分一铛，内二空，中车圆木二根，两头留轴转动，以脚踹轴，滚动往来，盖涌泉穴精气所生，以运动为妙。竹踏凳方而大者，亦可用。古琴砖有狭小者，夏月用作踏凳，甚凉。"

在《鲁班经》原书插图（图2-76）中，给出了三种样式的脚踏，最前方的一种，凳面有两个椭圆形，所代表的可能就是那两根可以转动的圆木。由此，脚踏还被赋予了养生的意义。当然，除了滚凳之外，凳面平整的脚踏依然是较为普遍的样式（图2-77）。

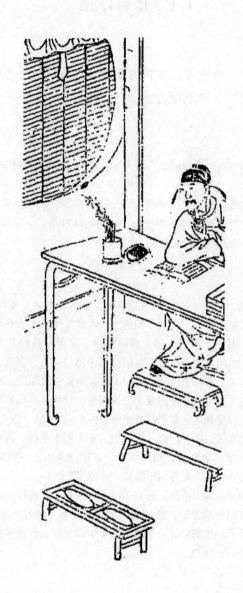

图2-76 《鲁班经》插图　搭脚仔凳

图2-77　清康熙五十八年《阴骘文图正》劝善类"圣像"

八、箱柜

（一）衣笼〔1〕样式

一尺六寸五分高，二尺二寸长，一尺三寸大。上盖役〔2〕九分，一寸八分高，盖上板片三分厚，笼板片四分厚，内子口〔3〕八分大，三分厚。下车脚〔4〕一寸六分大。或雕三湾〔5〕，车脚上要下二根横横仔〔6〕，此笼尺寸无加。

注释

〔1〕衣笼：即衣箱，盛放衣服的家具。宋戴侗《六书故》："今人不言箧笥，而言箱笼。浅者为箱，深者为笼。"可见"箱"与"笼"是同一类盛放东西的家具。

〔2〕役：应为"溢"，扩大、弯曲，即向内收。

〔3〕内子口：衣笼的口沿。

〔4〕车脚：明清家具术语。是箱笼底部着地的木框结构，即托泥或底座。

〔5〕三湾：即三弯，车脚上弯曲的线条。

〔6〕横横仔：枋子，水平放置的木条，放在箱子底部，用于加固车脚，承托箱子重量。

图2-78 清光绪《详注聊斋志异图咏》插图

画面较为全面地展现了卧室内的场景，床头外侧堆放着三个衣箱，用于盛放衣物。

（二）镜架势[1]及镜箱式

镜架及镜箱[2]有大小者[3]。大者一尺零五分深，阔九寸，高八寸零六分，上层下镜架二寸深，中层下抽相[4]一寸二分，下层抽相三尺[5]，盖一寸零五分，底四分厚，方圆雕车脚[6]。内中下镜架七寸大，九寸高。若雕花者，雕双凤朝阳，中雕古钱，两边睡草花[7]，下佐[8]连花托[9]，此大小依此尺寸退墨[10]，无误。

注释

〔1〕势：应为"式"。

〔2〕镜架及镜箱：承托镜子的架子和盛放镜子等梳妆用具的箱子。

〔3〕有大小者：有大有小，尺寸不一。

〔4〕抽相：抽屉。　相：为"箱"之通假。

〔5〕三尺：应为"三寸"。文中言其整体高度为八寸零六分，上层高二寸，中层高一寸二分，盖高一寸零五分，加上车脚的高度，下层抽箱高度为三寸才合适。

〔6〕车脚：根据提供的尺寸推算，车脚高度或为五分。

〔7〕睡草花：或为垂草花，即雕刻上下垂式的花草藤蔓。

〔8〕佐：辅佐，搭配。

〔9〕连花托：应为"莲花托"。

〔10〕退墨：即褪墨。根据这些规定的尺寸制作部件，这一过程中会把木材上画好的辅助开榫卯的墨线去除掉。故褪墨代指制作。

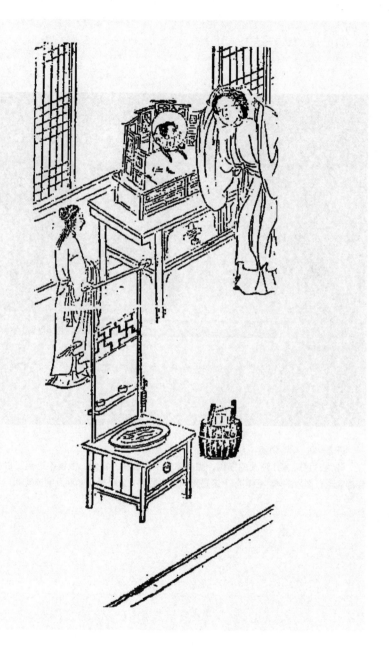

图2-79 《鲁班经》插图　镜架、镜箱、面架

图2-80　明·仇英《汉宫春晓图》中的镜架

　　作为对汉代宫廷情况的描画，需要体现物品古朴的特点，故镜架选用了带有天然山水纹样的大理石作为主体，但实际上这是对明代中后期文人朴素美学观点的体现。

（三）风箱[1]样式

长三尺，高一尺一寸，阔八寸，板片八分厚，内开风板六寸四分大，九寸四分长，抽风横仔[2]八分大，四分厚。扯手[3]七寸四分长，方圆一寸大，出风眼要取方圆一寸八分大，平中为主[4]。两头吸风眼，每头一个，阔一寸八分，长二寸二分，四边板片都用上行做准[5]。

注释

〔1〕风箱：鼓风工具，将更多的氧气送到炉灶里，使火势更大。

〔2〕抽风横仔：连接内部的开风板和外部的风箱手柄的木棍。

〔3〕扯手：缰绳，即用手抓握的地方，此处应是木制的手柄、把手，用于拉动风箱。

〔4〕平中为主：以水平居中的位置为主。

〔5〕四边板片都用上行做准：四面板片的尺寸都以上面提供的数据作为标准。

补说

古代获取热能的方式主要是燃烧木柴，而充分燃烧的一个重要条件就是获得充足的氧气，风箱就是在推拉把手的过程中，将外部空气通过吸风眼吸入风箱，再送到灶台内。风箱在吸入和送出空气的过程中，伴随着压力变化，形成了风，使空气在炉灶内流动加快，也就获得了更多氧气，最终实现了更充分的燃烧，获得了更多热能。风箱的使用，提高了燃料的利用率，起到了节约能源的作用，同时因为充分燃烧，还减少了有毒气体的产生。由此，风箱成了古人生活中不可缺少的一部分，明代的人们还以它的功能为题材，写成了供人传唱的民歌，冯梦龙则将之记录在了《明清民歌时调集》中："风箱儿，一团的虚心冷气，牵动了使人鼎沸油飞，全凭着孔窍儿做出许多关捩，起手时热得狠，住手时冷似灰。怎能勾不住儿相牵也。和你风流直到底。"

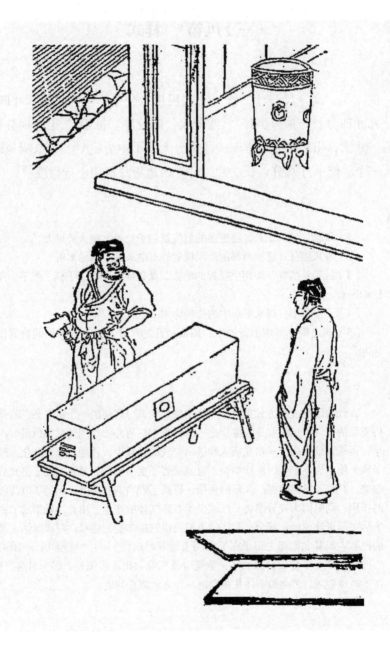

图2-81 《鲁班经》插图 风箱

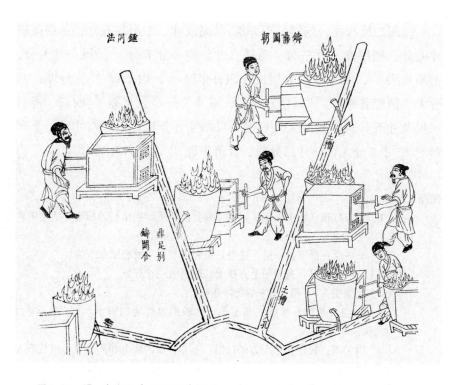

图2-82　明·宋应星《天工开物》插图

　　书中图画多次出现与风箱有关的场景。工人通过来回拉动风箱，增加炉灶内的含氧量，使燃料燃烧更加充分，从而提高炉内温度。

（四）大方扛箱[1]样式

柱高二尺八寸，四层。下一层[2]高八寸，二层高五寸，三层高三寸七分，四层高三寸三分。盖高二寸，空一寸五分[3]，梁一寸五分，上净瓶头[4]，共五寸。方层板片四分半厚[5]，内子口[6]三分厚，八分大。两根将军柱[7]一寸五分大，一寸二分厚。桨腿[8]四只，每只一尺九寸五分高，四寸大。每层二尺六寸五分长，一尺六寸阔，下车脚[9]二寸二分大，一寸二分厚，合角斗进[10]，雕虎爪双钩。

注释

〔1〕大方扛箱：两个人用一根横木肩扛的箱子。在出行、嫁娶等活动中常使用。

〔2〕下一层：最下方一层。这里是按照自下而上的顺序介绍的。

〔3〕空一寸五分：盖子与上方横梁的距离为一寸五分。

〔4〕上净瓶头：（梁）上方装饰净瓶头。

〔5〕方层板片四分半厚：每层箱子木板的厚度为四分半。　方：应为"各"之误，即每层。

〔6〕内子口：每层箱子上方的口沿。上方一层的底部如同盖子，可与下方一层的口沿咬合。

〔7〕将军柱：箱子两侧的立柱。

〔8〕桨腿：即站牙，对称安装在将军柱两侧，下端与车脚相连，从而达到加固柱子的目的。

〔9〕车脚：箱子底部的横木，即"拖泥"。

〔10〕合角斗进：王世襄在《明式家具研究》中认为"车脚采用45度角榫卯结构的造法"，如此会显得体态轻盈，更具美感。

图2-83　明崇祯《诗赋盟传奇》插图《饯别》中的大方扛箱

　　一根木棍从横梁中部穿过，二人正将其从船上抬下来。此大方扛箱共分四层，两侧有立柱，下部由桨腿加固，形态基本与《鲁班经》中描述一致。

图2-84 明崇祯《望湖亭》插图《纳聘》
　　院中摆放着一个大方扛箱，共分五层，里面盛满了美味佳肴。可见，它是用来盛放食物的，一般多在盛大隆重的场合使用。

图2-85　清·焦秉贞《历朝贤后故事图》
画面右侧，地上有一大方扛箱，共分四层。

（五）食格[1]样式

柱二根，高二尺二寸三分，带净平头[2]在内，一寸一分大，八分厚。梁尺[3]分厚，二寸九分大，长一尺六寸一分，阔九寸六分。下层[4]五寸四分高，二层三寸五分高，三层三寸四分高，盖三寸高，板片三分半厚。里子口八分大，三分厚。车脚二寸大，八分厚。桨腿一尺五寸三分高，三寸二分大，余大小依此退墨做。

注释

〔1〕食格：用来盛放食物且可以携带的盒子。也称"提盒""食盒"，上有提梁，内部分层。

〔2〕净平头：应为"净瓶头"，同音而误。

〔3〕尺：应为"八"。

〔4〕下层：底层。此处是按照自下而上的顺序介绍的。

补说

《三才图会》用文字和图示介绍了"提炉"和"提盒"（图2-86），二者与《鲁班经》中的食格基本相同。左侧的提炉分成三层，最下方一层为炭火、炉灶，第二层为锅（可用来煮粥、热水、暖酒）和茶壶（用于烹茶），最上层盛炭备用。右侧的山游提盒正如名字中的"山游"二字，是用于郊游的器具，从下至上一共四层，分别装着各种餐具。从结构看，它们都有柱子、提梁、桨腿和车脚，与《鲁班经》中的食格相比只是缺少了柱子顶端的净瓶头。

比较"大方扛箱式"和"食格样式"的内容，可以看出，大方扛箱与食格在结构上非常相似，都是由自下而上的多层箱体组成，也都是通过两侧带有桨腿的立柱进行连接和支撑，下方为拖泥，顶部为可以提、扛的横梁。二者的区别，主要是在体量方面，大方扛箱高大，用于盛放大件物品，如婚嫁中的嫁妆、彩礼。食格则体量较小，在日常生活中使用较为频繁，是人们外出郊游时盛放餐具的重要工具。

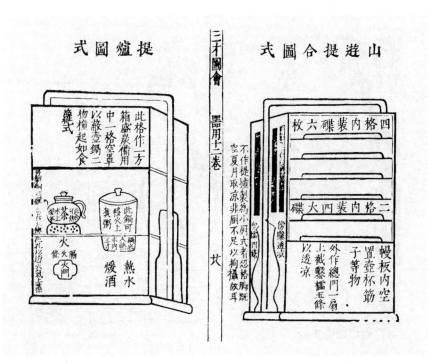

图2-86　明《三才图会》中的提盒

图2-87　明万历《西厢记》插图《西湖邂逅》

（六）衣厨[1]样式

高五尺零五分，深一尺六寸五分，阔四尺四寸，平分为两柱[2]，每柱一寸六分大，一寸四分厚。下衣横[3]一寸四分大，一寸三分厚。上岭[4]一寸四分大，一寸二分厚。门框[5]每根一寸四分大，一寸一分厚，其厨上梢[6]一寸二分。

注释

〔1〕衣厨：即衣橱，盛放衣物的橱柜。

〔2〕平分为两柱：用两根立柱进行平分，衣橱前后正中间各立一根柱子，从而将其分为左右两个部分。

〔3〕衣横：连接柱子和固定柜板的横木。

〔4〕上岭：衣橱顶部的顶檐。

〔5〕门框：柜门四周用于固定中间木板的木材，比中间木板稍厚。

〔6〕上梢：指衣柜有侧脚，即自下而上有一定尺寸的收缩，从而使衣柜更加稳固。

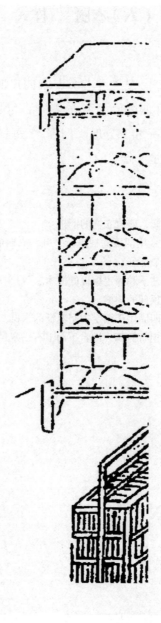

图2-88 《鲁班经》插图　衣橱

（七）衣箱[1]式

　　长一尺九寸二分，大一尺六分，高一尺三寸，板片只用四分厚，上层盖一寸九分高，子口[2]出五分。或下车脚[3]一寸三分大，五分厚。车脚只是三湾[4]。

注释

　　〔1〕衣箱：盛放衣物的箱子。

　　〔2〕子口：应与前文"大方扛箱样式"中"内子口"相同，指箱子的口沿，在关闭状态时与上盖相咬合。

　　〔3〕车脚：箱底着地的框架结构，即拖泥。

　　〔4〕车脚只是三湾：拖泥做成带有弯折曲线的形状。

图2-89 《鲁班经》插图　衣箱、灯架

（八）药厨 [1]

高五尺，大 [2] 一尺七寸，长六尺。中分两眼 [3]。每层五寸，分作七层。每层抽箱 [4] 两个。门共四片，每边两片。脚 [5] 方圆一寸五分大。门框一寸六分大，一寸一分厚。抽箱板 [6] 四分厚。

注释

〔1〕药厨：盛放中草药的橱柜。

〔2〕大：指由正面到背面的长度，即药橱的宽度。

〔3〕中分两眼：从中间平均分成左右两部分。

〔4〕抽箱：即抽屉。

〔5〕脚：药橱下方的腿。

〔6〕抽箱板：用于制作抽屉的木板。

图2-90　明·仇英《清明上河图》局部

　　画面中部的药室内，左侧立着一个盛放药物的药橱，分成很多小抽屉，分别盛放不同种类的草药。

（九）药箱[1]

二尺高，一尺七寸大，深九[2]，中分三层[3]，内下[4]抽相[5]只做二寸高，内中[6]方圆交佐巳孔[7]，如田字格样，好下药。此是杉木板片合进[8]，切忌杂木[9]。

注释

〔1〕药箱：用来盛放药材及工具的木箱。但从尺寸来看，体量较大，相应的也比较重，所以应该不是出门行医随身携带的那种药箱。

〔2〕深九：指药箱的宽度为九寸。"九"后缺"寸"字。

〔3〕中分三层：内部分成三层。　中：其中，内部。

〔4〕内下：内部的底层。

〔5〕抽相：应为"抽箱"，即抽屉。

〔6〕内中：抽箱的内部。

〔7〕方圆交佐巳孔：方中带圆的木框交叉组合在一起，形成四个部分。　交佐：或为"交做"，交叉组合。　巳：应为"四"。

〔8〕此是杉木板片合进：药箱使用杉木板片制作。　合进：组合，安装。

〔9〕杂木：即文中所说的杉木之外的木材。杂木因质地、气味等因素会对药材产生影响，不利于保存。

图2-91　明·仇英《清明上河图》局部

　　在小儿内外方脉药室的右侧，大夫坐在堂前，桌案内侧摆放着一个药箱，分为若干小抽屉，在药箱的上方还摆放着几个青色小瓷瓶，似乎也是用于盛放药材。药箱摆放在桌子上是为了方便大夫取用箱中常用物品。

图2-92　医药橱柜，高58cm，顶面长55cm，宽35cm。橱柜内部有层叠的抽屉，中间是一个摆放佛像的小型佛龛。以明代每尺32cm计算，《鲁班经》中的药箱长宽高分别是55cm、29cm、64cm。二者尺寸基本一致。

　　古斯塔夫·艾克著，高灿荣译：《中国花梨家具图考》，南天书局，第135页。

（十）柜式

大柜，上框者[1]，二尺五寸高[2]，长[3]六尺六寸四分，阔三尺三寸[4]。下脚[5]高七寸，或下转轮[6]斗[7]在脚上，可以推动。四柱，每柱三寸大，二寸厚，板片下叩框方密[8]。小者，板片合进[9]。二尺四寸高[10]，二尺八寸阔[11]，长五尺零二寸，板片一寸厚板[12]，此及量斗及星迹[13]，各项谨记。

注释

〔1〕上框者：使用粗大的木材为框架结构的柜子。这样柜子会更加牢固，可以盛放较重的物品而不致损坏。　上：安装，用。

〔2〕高：应为"深"，柜前至柜后的距离。

〔3〕长：柜子的高度。

〔4〕阔三尺三寸：面阔三尺三寸。但从数值来看，三尺三寸显得窄小，王世襄在《明式家具研究》中认为应是"四尺三寸"。

〔5〕脚：柜子下方的腿。

〔6〕转轮：即轮子。

〔7〕斗：安装。

〔8〕板片下叩框方密：木板片嵌在木框里，才会紧密结实。前文言木框三寸大，二寸厚，是很粗大的柱子，可以有充足的空间在其上开槽，嵌入木板。

〔9〕板片合进：直接用木板片组合拼装。此处是相对大柜而言的，大柜承重要求高，需要粗大的木框，小柜则不需要，直接用木板拼接即可。

〔10〕二尺四寸高：此处或指小柜进深为二尺四寸。王世襄在《明式家具研究》中认为，大柜与小柜进深差距应该较大，大柜进深二尺五寸，小柜进深二尺四寸，二者只差一寸，不太合理，故认为小柜进深应为一尺四寸。

〔11〕二尺八寸阔：（小柜）面阔二尺八寸。

〔12〕板片一寸厚板：因为小柜只是用木板拼合，故木板需要适当加厚，达到一寸，不然薄板制作的柜子质量会比较差，无法承重。

〔13〕量斗及星迹：或指两块柜板交合位置长排的榫卯结构，一般常用燕尾榫。

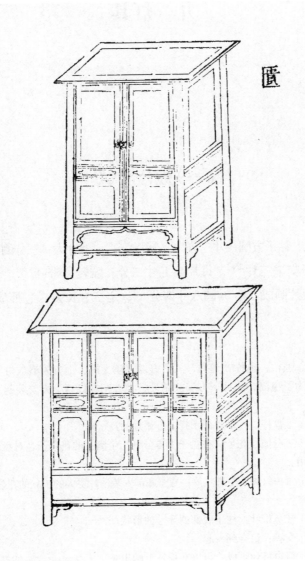

图2-93　明《三才图会》中的柜

　　柜子上小下大，具有更好的稳定性，这是典型的明代特征。柜子四角安装了较为粗大的立柱，组成框架结构，然后再用木板拼合成柜子的面。这种带有立柱的柜子比直接由木板拼接而成的柜子更为坚固。

九、灯具

（一）烛台[1]式

高四尺，柱子方圆一寸三分大，分上盘仔[2]八寸大，三分倒挂花牙[3]。每一只脚下交进三片[4]，每片高五寸二分，雕转鼻带叶[5]，交脚[6]之时，可拿板片画成[7]，方圆八寸四分[8]，定三方长短[9]，照墨方准。

注释

〔1〕烛台：也称"座灯"。下方以灯座支撑，上方为盛放灯油或蜡烛的灯盘。为了稳固，立柱下方安放站牙，上方则在灯盘下方安装起承托作用的倒牙。

〔2〕上盘仔：柱子顶部承托上方蜡烛的盘子。

〔3〕三分倒挂花牙：在盘子下方分列三个倒立的花牙子，对盘子起到稳固支撑作用。

〔4〕每一只脚下交进三片：柱子底部安装三片更大的正立的花牙子。　交进：组装。

〔5〕转鼻带叶：柱子底部的牙子的形状。

〔6〕交脚：组合到一起。

〔7〕可拿板片画成：可以在板片上画出来。

〔8〕方圆八寸四分：以柱脚为中心的直径为八寸四分的圆。为了确保三个牙子在木柱上摆放角度的准确性，先以木柱为中心画一个直径为八寸四分的圆，然后将其平均分成三份，画出均分线，就可以确定三个牙子的位置了。

〔9〕定三方长短：确定三个方向弧度的长短。

图2-94 《鲁班经》插图中的烛台(图中左上角)

图2-95　清顺治《意中缘》插图

画面中出现的是比《鲁班经》中更为巧妙的灯架，灯的高度可以通过调整下方横木的位置调节。

（二）火斗^[1]式

方圆五寸五分，高四寸七分，板片三分半厚。上柄柱子共高八寸五分，方圆六分大，下或刻车脚。上掩火窗齿仔^[2]四分大，五分厚，横二根，直六根或五根。此行灯^[3]檠^[4]高一尺二寸，下盛板三寸长；一封书^[5]做一寸五分厚，上留头一寸三分，照得远近，无误。

注释

〔1〕火斗：古代灯笼内盛放蜡烛等火源的木斗。
〔2〕火窗齿仔：如同窗棂上的直木条，可以透光。
〔3〕行灯：举着前行的灯。
〔4〕檠：或为"擎"之误。
〔5〕一封书：书灯。《书灯》是宋代诗人黄庚创作的一首七言绝句：书幌低垂风不来，兰膏花暖夜深开。剔残犹有余光在，一点丹心未肯灰。

补说

火斗，应是古代灯笼内用于盛放火源的斗形木制器具，属于灯笼的一部分。从古代文献来看，火斗也被认为是熨斗或旧式火器。《太平御览》卷七一二引《通俗文》说："火斗曰熨。"清代魏源《筹海篇一》："我火箭、喷筒已烬其帆，火罐、火斗已伤其人。"不过，对比《鲁班经》中的内容，都存在不妥之处。首先，古代熨斗多为金属制品，需要往其内部放入火炭，从而利用高温熨烫衣物，但《鲁班经》中的火斗应为木制，与燃烧的木炭放在一起容易毁坏。其次，作为武器，火斗与火罐并列，通过爆炸产生杀伤力，故也应是金属制品。因此，《鲁班经》中的火斗应不是熨斗或用于军事的火器。

再从《鲁班经》中描述火斗的内容来看，其中的"掩火窗""行灯檠""一封书""照得远近"等词句，都与照明的灯具相关。另外，明代《三才图会》（图2-96）中提到的灯笼包括"擎灯（用手托举着的灯）""书灯""影灯"等，且"行灯檠（擎）"与"擎灯"相对应，"一封书"与"书灯"相对应，进一步确认《鲁班经》中的火斗应为灯内部盛放光源的器具。

所以，《鲁班经》中除了介绍火斗的制作方式，还概述了"擎灯"和"书灯"的基本样式。

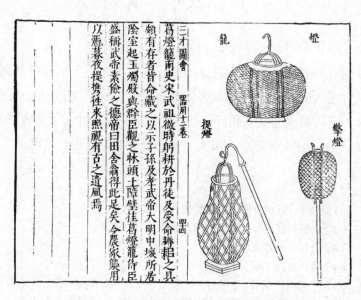

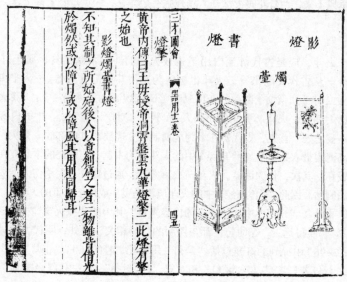

图2-96 明《三才图会》中的各种灯具

图2-97 明崇祯《二刻拍案惊奇》插图

　　河岸之上，两男子手握灯杆，灯笼被高高举起，灯光可以照亮较大面积，这种灯为擎灯；轿子旁边，两女子手中拿着横向灯杆的一端，另一端挑着灯笼，此灯与《三才图会》中的提灯较为相似。这两种灯使用方式虽然有所不同，但灯内的蜡烛都是放在一个底座之上，应是《鲁班经》中所说的"火斗"。

十、衣折〔1〕式

　　大者三尺九寸长，一寸四分大，内柄〔2〕五寸，厚六分。小者二尺六寸长，一寸四分大，柄三寸八分，厚五分。此做如剑样〔3〕。

注释

　　〔1〕衣折：辅助折叠衣服的工具。
　　〔2〕内柄：手握的部分。
　　〔3〕此做如剑样：衣折的形状像一把宝剑。

图2-98　《鲁班经》插图　悬挂的衣折

十一、炉架

（一）圆炉〔1〕式

方圆二尺一寸三分大〔2〕，带脚及车脚共上盘子一应高六尺五分〔3〕。正上面盘子一寸三分厚，加盛炉盆贴仔〔4〕八分厚，做成二寸四分大。豹脚〔5〕六只，每只二寸大，一寸三分厚，下贴梢〔6〕一寸厚，中圆九寸五分正〔7〕。

注释

〔1〕圆炉：盛放圆形炉子的架子。从内容描述看，尺寸较大，近似于圆桌。

〔2〕方圆二尺一寸三分大：（圆炉上方的面）直径为二尺一寸三分。

〔3〕带脚及车脚共上盘子一应高六尺五分：连带炉架腿及下方的拖泥，和上方的炉架面，高度一共是二尺六寸五分。　共上：加上。　六尺五分：或为"二尺六寸五分"。所用尺寸通常会包含尺、寸、分三部分，此处却无寸，另外六尺高度近两米，与实际用途不符，故推测"六"所指为寸，尺的数值丢失，据实际情况应为"二"较合理。

〔4〕贴仔：在底部起铺垫、承托作用的木条，前文"琴凳式"条中亦有此词，此处为承托金属炭盆的垫木，很多时候会采用金属垫，相对更加安全。

〔5〕豹脚：或为"抱脚"，指腿部为三弯形态，下方向内收缩，呈环抱之势。

〔6〕贴梢："一字桌式"中有"下梢"，"衣橱"中有"上梢"，若"梢"为向内缩进之意，"贴"为"贴仔"的简称，则贴梢指向内收缩一定尺寸的拖泥。

〔7〕中圆九寸五分正：（炉子下方的圆形拖泥）的直径为九寸五分整。　正：整。

图2-99　明万历《绣襦记》插图

此插图中的圆炉，基本与《鲁班经》中描述的一致。圆炉体积较大，形似圆桌，腿部三弯，脚部带有拖泥。

（二）看炉[1]式

九寸高，方圆式[2]尺四分大。盘仔下绦环式寸[3]，框一寸厚，一寸六分大，分佐亦方。下豹脚，脚二寸二分大，一寸六分厚，其豹脚要雕吞头[4]。下贴梢[5]一寸五分厚，一寸六分大，雕三湾勒水[6]。其框合角笋眼[7]要斜八分半方斗[8]得起，中间孔方圆一尺[9]，无误。

注释

〔1〕看炉：疑为"炭炉"，除了供人取暖，也可以用于烧水、熬药等。

〔2〕式：应为"式"之误。

〔3〕盘仔下绦环式寸：在炉架圆盘的下方安装三寸大的绦环板。此句"盘仔"后应该有两个"下"字，第一个"下"意为下方，第二个"下"意为安装。　式：应为"弎"，即三。与另外两个尺寸"框一寸厚，一寸六分大"相比，若"式"为二，则比例很不协调。

〔4〕吞头：一种装饰形式。

〔5〕贴梢：向内缩进一定尺寸的拖泥。

〔6〕雕三湾勒水：（贴梢）上雕刻曲线牙子。

〔7〕笋眼：榫眼。

〔8〕斗：组合。

〔9〕中间孔方圆一尺：炉架中间盛放炭炉的空间的直径是一尺。

图2-100　明万历《幽闺记》插图　画中炉子高度较低

（三）方炉^{〔1〕}式

高五寸五分，圆尺内圆九寸三分^{〔2〕}。四脚二寸五分大，雕双莲挽双钩^{〔3〕}，下贴梢^{〔4〕}一寸厚，二寸大。盘仔^{〔5〕}一寸二分厚，绦环^{〔6〕}一寸四分大，雕螳螂肚^{〔7〕}接豹脚^{〔8〕}相称。

注释

〔1〕方炉：根据内容，似为外方内圆的炉架，且体型较小。

〔2〕圆尺内圆九寸三分：内部放炭盆的盘子为圆形，直径九寸三分。　尺：或为"池"，指炉内盛放炭盆的空间。

〔3〕双莲挽双钩：炉脚上雕刻的装饰纹样。

〔4〕贴梢：向内缩进一定尺寸的拖泥。

〔5〕盘仔：盛放炭盆的木制圆盘。

〔6〕绦环：绦环板，嵌套的木板片，起装饰作用。

〔7〕螳螂肚：具有弧线，向外鼓起的肚子。

〔8〕豹脚：应为"抱脚"，即三弯腿，上方与螳螂肚连接，下方向内收缩，呈环抱之势，与下方的拖泥连接在一起。

2-101　清·陈枚《月曼清游图册》　围炉博古

　　画面右侧的房间内，地上有一方形木质炉架，中间放了一个圆形金属炭盆，这与《鲁班经》中的方炉非常相似。

（四）香炉样式[1]

细乐者[2]长一尺四寸，阔八寸二分。四框三分厚，高一寸四分。底三分厚，与上样样阔大[3]。框上斜三分[4]，上加水边[5]，三分厚，六分大[6]，起廒竹线[7]。下豹脚，下六只，方圆八分大，一寸二分大[8]。贴梢[9]三分厚，七分大，雕三湾[10]。车脚或粗的不用豹脚，水边寸尺一同。又大小做者，尺寸依此加减。

注释

〔1〕香炉样式：此处指承托香炉的底座。

〔2〕细乐者：细长的香炉架。

〔3〕与上样样阔大：长度和宽度与上面的尺寸一样。　上样：上面那样的。　样：一样，相同。　阔：此处指长度和宽度。

〔4〕框上斜三分：香炉底座四面的攒框板外沿向上倾斜三分。这样使底座的面形成一个中间低、四周高的样式，可以防止香炉滑落。

〔5〕上加水边：在（攒框板的外沿）上加拦水线。　水边：即拦水线，防止水流出去的边沿。

〔6〕六分大：水边的宽度为六分。

〔7〕起廒竹线：将水边做成类似竹子的圆柱形状。

〔8〕一寸二分大：脚的高度为一寸二分。

〔9〕贴梢：向内侧缩进一定尺寸的拖泥。

〔10〕雕三湾：（贴梢）上雕刻曲线牙子。

图2-102　据《鲁班经》正文描述绘制的香炉底座（绘图：姚洋）

此底座较为小巧，应是摆放于桌案之上，其上放置香炉，青烟袅袅，颇具意境。

十二、牌匾类

（一）招牌[1]式

大者，六尺五寸高，八寸三分阔；小者，三尺二寸高，五寸五分大。

注释

〔1〕招牌：在店门口用来招揽生意的牌子，上面书写店名。此处的招牌应该是纵向的，挂在柱子上或直接立在地上。

图2-103 明崇祯《二奇缘传奇》插图

（二）牌扁[1]式

看人家大小屋宇而做。大者八尺长，二尺大[2]。框一寸六分大[3]，一寸三分厚，内起棋盘线[4]，中[5]下[6]板片，上行下[7]。

注释

〔1〕牌扁：即"牌匾"，一般是刻有文字的长方形板，材料多为竹、木，悬挂在屋外的门楣之上或室内的墙上。

〔2〕大：宽。

〔3〕框一寸六分大：边框高度为一寸六分。根据牌匾长宽尺寸，能看出其体型巨大，故采用框架结构，四边用木框，中间用木板拼接。

〔4〕内起棋盘线：边框内侧用平直的线脚。

〔5〕中：中间位置，四周边框围合的区域。

〔6〕下：安装，放置。

〔7〕上行下：由上到下。

图2-104　明·仇英（传）《仇画列女传》之《高氏五节》

　　画中牌匾由两人抬起，可见其具有一定的重量。牌匾四周为攒框板，对中心木板起到固定作用。当牌匾较大时，中心题字的木板也多是由几块较窄的木板拼接而成。

十三、洗浴坐板^[1]式

二尺一寸长，三寸大，厚五分，四围起剑脊线^[2]。

注释

〔1〕洗浴坐板：古人沐浴时，担在浴盆两端，供人坐在上面的木板。

〔2〕剑脊线：亦称"剑脊棱"。明式家具线脚之一。指的是中间高，两旁斜仄犹如宝剑的剑背的线脚。

补说

洗浴坐板，顾名思义，是古人在洗澡时的坐具。古人洗澡时，用木制的浴盆盛放热水。洗浴坐板则是担在浴盆的盆沿之上的长方形木板。李渔所作《奈何天》，讲述了荆州城中一位奇丑无比的巨富阙素封（混名阙不全）的故事。他因容貌丑陋，先后三次娶妻，都遭到对方嫌弃。后来，他捐钱支持朝廷平叛，被赐封为尚义君。在得到喜报后，阙不全斋戒沐浴，准备接诏。这个时候他的善行也得到了玉皇赞赏，就派遣变形使者下凡，改变了他丑陋的容貌，使他成为美男子。版画中所描述内容，正是变形使者趁阙不全洗澡之际，为其改换容貌。此时，阙不全正坐在两头担在浴盆边沿的洗浴坐板之上。变形使者被刻画成一个木匠的形象，手中拿着刨子为阙不全刮平身体，旁边还放着锯和斧子。也许是被木匠把原本粗糙的木料打磨、加工成光滑、精美的家具等器物的手艺所震惊，李渔便将丑男变美男的任务交给了木匠，这也在一定程度上说明了木匠在当时社会中具有较高的地位。

图2-105　清顺治《奈何天》插图

图2-106　清《鸳鸯秘谱》插图局部

　　一女子正要到浴盆中沐浴，盆沿上横搭着一块木板，此板正是洗浴坐板，浴者可以坐在上面清洁身体。

十四、棋盘

（一）象棋盘式

大者，一尺四寸长，共大[1]一尺二寸。内中间河路[2]一寸二分大。框[3]七分方圆[4]。内起线三分方圆[5]，横共十路，直共九路。何路笋要内做重贴[6]，方能坚固。

注释

　　〔1〕大：棋盘的宽度。

　　〔2〕内中间河路：棋盘中间的"楚河汉界"。

　　〔3〕框：棋盘四边的边框板。

　　〔4〕方圆：指框的线脚，外圆内方。

　　〔5〕内起线三分方圆：棋盘中的棋路是上方（直）下圆的线脚，即宽度为三分的凹槽。

　　〔6〕何路笋要内做重贴：河路作为一块独立的木板，需要与旁边两块木板拼接，为了坚固，需要在两侧用横木加固。　　何路：应为"河路"之误，棋盘中部的"楚河汉界"。　　笋：通"榫"。　　重贴：两条拖泥板，两根横木。

（二）围棋盘式

方圆一尺四寸六分，框六分厚，七分大，内引六十四路长通路[1]，七十二小断路，板片只用三分厚。

注释

〔1〕长通路：直线。

补说

　　下棋，是我国古人重要的娱乐活动，是文化生活的一部分。具有代表性的则是象棋和围棋，二者都是古人智慧的结晶。相比之下，象棋的规则更为简单，深受大众喜爱，成为很多人娱乐消遣的选择。冯梦龙的《明清民歌时调集·挂枝儿》中，记录了古人下象棋的活动："闷来时，取过象棋来下。要你做士与象，得力当家。小卒儿向前行，休说回头话。须学车行直，莫似马行斜。若有他人阻隔了我恩情也，我就炮儿般一会子打。"至于围棋，规则比较复杂，黑子、白子在棋盘上变化多端，与琴、书、画共同成为文人素养的象征。《明清民歌时调集·挂枝儿·围棋》："三百六，棋路儿。分皂白。先下着，慢下着。便见高低。有双关，有扑跌，须防在意。被人点破眼，教人难动移。不如打一个和局也。与你两下里重着起。""和棋"作为平局，是古人"和为贵"智慧的体现，文人下棋注重的不是结果，而是自身的风度和高尚情操。

　　棋盘多为木制，结构虽然不算复杂，但因为使用者较多，便成为木工经常需要制作的器具，或许因为这个原因，才将象棋和围棋棋盘的制作录入了书中。

棋盤說

其制以矩從橫

皆三十道盤之

為象棋者毎邊

從九道橫六道

制之所自始附

見於碁

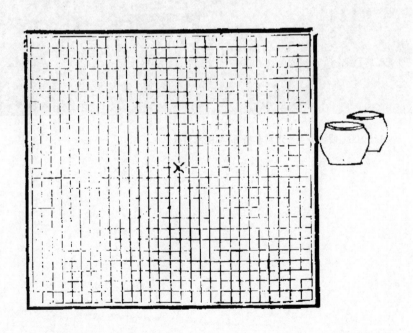

图2-107　明《三才图会》中的围棋盘

图2-108　明·仇英《汉宫春晓图》中的围棋盘

图2-109　明·钱穀《竹亭对棋图》局部
竹亭之中，两位雅士正在一棋桌边对弈，周围遍植芭蕉、松竹，环境清幽。

十五、算盘式

　　一尺二寸长，四寸二分大，框六分厚，九分大，起碗底线[1]。上二子，一寸一分[2]；下下五子，三寸一分[3]。长短大小，看子而做。

注释

　　〔1〕碗底线：碗底纵向剖面的形状，中间空两边实。这种线脚在算盘底部形成四角支撑，中部空空的样子。

　　〔2〕上二子，一寸一分：上面放两颗珠子，上下边框之间的距离为一寸一分。

　　〔3〕下下五子，三寸一分：下面放五颗珠子，上下边框之间的距离为三寸一分。　第一个"下"为动词，意为安装、制作。

图2-110 《金瓶梅》中的绸缎庄

　　店面柜台上摆放着一个算盘，在它旁边则是称量银子重量的秤，二者都是算账时不可缺少的工具。

十六、茶盘托盘〔1〕样式

　　大者，长一尺五寸五分，阔九寸五分。四框一寸九分高，起边线〔2〕，三分半厚，底三分厚。或做斜托盘〔3〕者，板片一盘子大〔4〕，但斜二分八厘。底是铁钉钉住。大小依此格加减无误。有做八角盘〔5〕者，每片〔6〕三寸三分长，一寸六分大，三分厚，共八片，每片斜二分半〔7〕，中笋一个，阴阳交进〔8〕。

注释

　　〔1〕茶盘托盘：用于盛放、运送茶具、餐具等的盘子。
　　〔2〕起边线：边框上起一条高出盘底板的线。
　　〔3〕斜托盘：四周边框上沿向外倾斜的托盘。
　　〔4〕板片一盘子大：板片的尺寸还是要托盘那么大。此处板片应指边框。
　　〔5〕八角盘：八边形的托盘。由下文看，它由八块木板作为边框，通过榫卯结构拼合在一起。
　　〔6〕每片：指每块边框板。
　　〔7〕每片斜二分半：每块边框板上沿向外倾斜二分半。
　　〔8〕中笋一个，阴阳交进：相邻的两块边框板之间用一个榫卯结构进行连接，榫与卯一阴一阳，二者拼合在一起。

补说

　　《鲁班经》中所说茶盘、托盘，皆为木制，由木板拼接而成，用于盛放食物、茶水等。出于对美的追求，古人将它们做成各种形状。《三才图会》中的托子（图2-111），除了本身所具备的使用功能，还带有很强的艺术性，或在托盘上绘制美丽的图案，或直接将托盘做成花瓣、水果等形状。从样式来看，这些托盘很可能是瓷器或漆器，而非木制，以彩绘或漆雕等工艺制作而成。

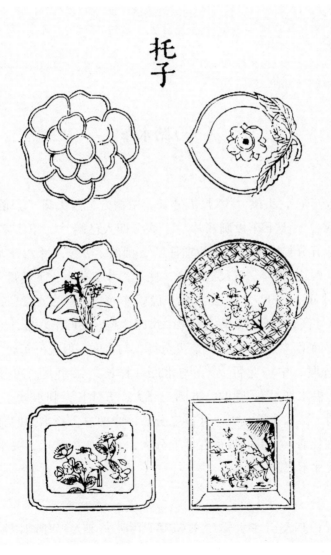

图2-111　明《三才图会》中的托子

十七、水车

（一）踏水车

　　四人车[1]，头梁[2]八尺五寸长，中截方，两头圆[3]。除中心车槽七寸阔[4]，上下车板刺八片[5]。次分四人已阔[6]，下十字横仔[7]一尺三寸五分长，横仔之上斗棰仔[8]，圆的，方圆二寸六分大，三寸二分长。两边车脚[9]五尺五寸高，柱子二寸五分大，下盛盘子[10]长一尺六寸正，一尺大，三寸厚方稳。车桶[11]一丈二尺长，下水厢[12]八寸高，五分厚，贴仔[13]一尺四寸高，共四十八根，方圆七分大。上车面梁[14]一寸六分大，九分厚，与水厢一般长。车底[15]四寸大，八分厚，中一龙舌[16]，与水厢一样长，二寸大，四分厚。下尾[17]上椹水仔[18]，圆的，方圆三寸大，五寸长，刺水板亦然八片。关水板骨[19]八寸长，大一寸零二分，一半四方，一半薄四分，做阴阳笋斗在拴骨[20]上。板片五寸七分大，共记四十八片，关水板依此样式，尺寸不误。

注释

　　[1]四人车：踏水车以人的双脚踩踏为动力，四人车可同时四个人站在上面踩踏。

　　[2]头梁：安装踏板的横梁，中部安装相当于齿轮的"车板刺"。

〔3〕中截方，两头圆：中间方，是为了便于安装传动齿轮和踏板；两头圆，是为了踏动水车时减少头梁转动的阻力。此处重点强调两头要圆，中间方并没有那么重要。

〔4〕除中心车槽七寸阔：为了与水车水槽对应，头梁中部留出七寸的宽度。

〔5〕上下车板刺八片：在头梁上（均匀）安装八片车板刺，以便带动龙骨转动。　车板刺：安装在头梁上，如同齿轮上的齿。与下文的"刺水板"含义相同。

〔6〕次分四人已阔：剩下的长度平均分给四个踏水车的人使用。

〔7〕下十字横仔：两根木材相交成十字形，安装在头梁之上。　横仔：指木条。

〔8〕斗棰仔：（在十字形的横仔两端）安装像锤子一样的圆木，供踏水车的人落脚。　斗：安装。

〔9〕两边车脚：头梁两侧起支撑作用的架子。

〔10〕盘子：支架底部的木板，近一尺见方，起到稳固作用。

〔11〕车桶：水槽。

〔12〕水厢：位于水槽左右两侧的木板。

〔13〕贴仔：位于水厢外侧的木条，与地面垂直，起到加固和保护水车内部构件的作用。

〔14〕车面梁：位于水厢板上方，与之平行，由贴子将车面梁与水厢板连接在一起。车面梁主要起保护水车内部构件的作用。

〔15〕车底：水槽底部的木板，与左右两侧的水厢板共同组成一个箱体。

〔16〕龙舌：夹在两侧贴子中间的一块长木板，位于贴子中上部，由贴子共同支撑。龙舌将上方和下方的众多"关水板"隔开，避免缠绕在一起，造成损坏。

〔17〕下尾：踏水车下方的尾部。

〔18〕上椹水仔：安装椹水仔。　上：安装。　椹水仔：近似于圆轴的木齿轮。与头梁中部安装八片刺水板一样，也是八片。

〔19〕关水板骨：连接众多"关水板"的链条。每一个关水板骨由两部分组成，通过榫卯结合在一起，且可以活动，就像一节脊椎骨。众多关水板骨连接在一起，就像长长的巨龙。因此，水车也被称作"龙骨水车"。　关水板：每两个相邻的关水板骨中间会串上一块关水板。关水板长度与水厢宽度相同，当关水板从水车底部向车头运动时，会将水推到水槽之中，并作为水槽可以活动的后厢板，把水带到水槽另一端的出水口。

〔20〕拴骨：由众多关水板骨连接而成的"龙骨"。

图2-112　明·仇英《清明上河图》局部
河边的两个农民正站在踏水车（龙骨水车）上劳作。

图2-113　清道光三十年《描金漆画西湖风景图大寿屏》(广东省博物馆藏)局部
在画面中部,岸边摆放着一架踏水车,农民通过它将湖水运送到岸上的稻田中。

（二）手水车〔1〕式

此仿踏水车〔2〕式，同〔3〕，但只是小。这个上有七尺长或六尺长〔4〕，水厢〔5〕四寸高，带面上梁，贴仔高九寸〔6〕。车头〔7〕用两片樟木板，二寸半大，斗在车厢上面，轮上关板刺〔8〕依然八个，二寸长。车子二尺三寸长，余依前踏车尺寸，扯短是〔9〕。

注释

〔1〕手水车：通过手部力量带动的水车。

〔2〕踏水车：应为"踏水车"。相比而言，双腿的力量大于双手，所以手水车的体量一般小于踏水车。

〔3〕同：（样式）基本相同。

〔4〕这个上有七尺长或六尺长：这个手水车的长度有七尺或六尺。

〔5〕水厢：水车两侧的两块长木板，它们与底部的木板共同组成水车的水槽。

〔6〕带面上梁，贴仔高九寸：包括水厢上方的梁木，贴仔的高度为九寸。　梁：应为"梁"之误。　贴仔：将水厢和梁木连接在一起的木条。

〔7〕车头：包括带关刺板的木轮和两侧用手拉动的把手。因为没有踏水车上的头梁，只能将车头固定在水厢板上。

〔8〕关板刺：即"车板刺"，安装在头梁上，如同齿轮上的齿。

〔9〕扯短是：缩短就是了。

补说

明代的宋应星在其著作《天工开物》中，对水力工具做了较为详细的介绍。他认为水是生命之源，农业种植离不开水，如果只依靠自然降水，不仅降水的时间、多少都无法确定，而且土壤因泥沙等含量不同而储水能力不同，"有三日即干者，有半月后干者"。在人力有限的情况下，居住在河流湖泊附近的人们，充分利用自然条件，发明了由水流、动物或人的力量牵引运作的水车。在河流湍急的地方，人们充分利用河水自身的力量给水灌溉，"凡河滨有制筒车者，堰陂障流，绕于车下，激轮使转，挽水入筒，一一倾于枧内，流入亩中"。因为不用人力，所以可以"昼夜不息，百亩无忧"。然而，这种自行运作的水车，对水流有较高的要求，使用的范围也受到很大限制。处在水流较缓的地方的农民，还需要使用人力或畜力带动水车。"其湖池不流水，或以牛力转盘，或聚数人踏转"，"大抵一人竟日之力，灌田五亩，而牛则倍之"。这种用人踏或牛带动的水车，体型比较庞大，"车身长者二丈，短者半之"，长度应该在3米至6米左右，在农田边只有很浅的水池或小水沟的地方，就会因为体积过于庞大而无法使用。为此，人们又发明了只有数尺长的小水车，只需要一个人手摇转动即可，这样一天也可以灌溉两亩田地。古人根据不同的水域环境，发明各种对应使用的水车，足见古人的巧妙智慧。

图2-114 明《天工开物》中的拔车

图2-115 清·焦秉贞《耕织图·灌溉》
画中呈现的灌溉方式包括龙骨水车（踏水车）和桔槔两种，都体现了古人在设计中的智慧。

十八、推车式

　　凡做推车，先定车屑[1]，要五尺七寸长，方圆一寸五分大。车轧[2]方圆二尺四寸大。车角[3]一尺三寸长，一寸二分大。两边棋枪[4]一尺二寸五分长，每一边三根，一寸厚，九分大。车轧中间横仔[5]一十八根，外轧板片[6]九分厚，重外共一十二片合进[7]。车脚[8]一尺二寸高，锁脚[9]八分大。车上盛罗盘，罗盘六寸二分大，一寸厚。此行俱用硬树的，方坚劳固[10]。

注释

　　[1]车屑：车架两侧的长木，车辕。

　　[2]车轧：根据其尺寸"方圆二尺四寸"，推测应为"车轮"。

　　[3]车角：推车前方凸出的两根木棍，如同牛头上的两只角。

　　[4]两边棋枪：车身左右两侧竖着放置的木条，用于固定推车左右两侧的木板，这两块木板与车身后方的木板共同组成车斗，用于盛放货物，有时也可以坐人。棋枪：应为"旗枪"，上方可以挂旗的木枪。

　　[5]横仔：应为前文所提到的"櫎子"，即横木，此处为车轮上的辐条。

　　[6]外轧板片：拼合成车轮的木板片。

　　[7]重外共一十二片合进：总共由十二片木板组合在一起。　合进：组合，拼接。

　　[8]车脚：推车后部用于支撑的两根柱子。

　　[9]锁脚：应为"缩脚"，车脚的上方向内收缩，也就是车脚下部向外侧倾斜，这样可以提升推车的稳定性。

　　[10]方坚劳固：才能够坚实牢固。　劳固：即牢固。

补说

　　从仇英的《清明上河图》中可以发现，推车既可以运输货物，也可以成为一些人出行的交通工具。古代推车为木制交通运输工具，在一定行程范围内具有很大的灵活性，只要路况不是太差，都可以通行。正如仇英《清明上河图》中的场景，城镇周边货物稍多的人，可以用推车将之运送到集市；一些人为了省力，坐在推车上，由人推着前行。除了一些年迈老者，妇女也常成为坐车的人，因为她们受裹足陋习的影响，行路多有不便。不过，仇英所绘推车较为简洁，都未画出车脚。

图2-116　明·仇英《清明上河图》中的推车

图2-117　明·仇英《清明上河图》中的推车

《鲁班经》卷二终

叁

宅院篇

一、门的修造问题

　　大门，在中国文化中有着非常重要的地位。"门面"这个词表面是说门，但跟人的脸面、面子有撇不清的关系。"门当户对"则是通过门展现了一家人的身份地位。"班门弄斧"，指人不自量力，在行家面前卖弄本领，这个"门"既可以指鲁班居住的宅院，也可以直接代指鲁班本人，由此，"门"在古人心目中的重要性可见一斑。所以，古人对门的修造十分重视。

　　诗曰：

　　　门高胜于[1]厅[2]，
　　　后代绝人丁。
　　　门高胜于壁，
　　　其法多哭泣。

　　　门扇[3]或斜欺[4]，
　　　夫妇不相宜。
　　　家财常耗散，
　　　更防人谋散。

门柱补接[5]主凶灾，
仔细巧安排。
上头[6]目患中[7]劳吐，
下[8]补脚疾苦。

注释

〔1〕胜于：高于，超过。

〔2〕厅：厅堂，房屋。

〔3〕门扇：即门板。

〔4〕斜欺：应是斜敧，即歪斜、不正。

〔5〕补接：修补拼接。

〔6〕上头：门柱的上部。

〔7〕中：中间，即门柱的中部。

〔8〕下：门柱的下部。

补说

1.门扇端正问题

歪斜的门扇是要不得的，古人为了预防造出这样的门扇，将双扇门的两个门扇比作房主夫妻，当门扇歪斜时就会经常发生撞击，与之相对应的夫妻二人就会时常闹矛盾、发生口角，弄得家中不得安宁。正所谓"家和万事兴"，家人不和，财运不济也在情理之中。更进一步说，门扇的歪斜还会招致外人的陷害，将家主夫妻拆散。外人的行为犹如鬼神的作用，作为一种无法预知的力量，更具威慑力，从而督促家主保证自家门扇的端正。

2.门柱选材

门柱，承托着整扇门的重量，可以说与房屋建筑中的柱子有同等重要的作用。要想把门修造得坚固牢靠，门柱的质量是关键。一般来说，由整根粗大的树木主干修理出来的柱子是最坚固的，若是用一些不成材的杂木拼接到一起，就会因为存在裂缝而容易虫蛀、断裂、朽烂。古人为了引起人们对门柱质量的重视，将门柱比喻成人的身体，通过让人痛苦的切身感受来提醒人们不要偷工减料：如果门柱的上部用木材拼接，人体上部的眼睛就会生病；如果是门柱的中部，人的腹部就会患病，有恶心、呕吐等症状；如果是门柱的下部，人的脚就会有病痛。这种形象而带有一定诅咒性质的方式，想必会引起古人对门柱的重视。

诗曰：

门柱不端正，

斜欹[1]多招病。

家退[2]祸频生，

人亡空怨命。

门边土壁[3]要一般，

左大换妻更遭官[4]。

右边或大胜左边，

孤寡儿孙常叫天[5]。

门上莫作仰供装[6]，

此物不为祥。

两边相指或无升，

论讼[7]口交争。

注释

〔1〕斜欹：歪斜，不端正。 欹，倾斜。

〔2〕家退：即门庭衰退，家中人丁不旺，常有病痛，且生活贫困。

〔3〕土壁：门柱两侧由土、砖、石等材料砌成的墙壁，比院落的围墙要高，起到加固门防、保护门柱等木结构不被风雨冲刷的作用，也可以让门在视觉上显得更加雄伟。

〔4〕遭官：跟别人打官司，对簿公堂，即俗语所说的"吃官司"。

〔5〕叫天：表示因遭受苦难而极度绝望，叫天天不灵，叫地地不应。

〔6〕仰供装：门头装饰，如斗拱等。

〔7〕论讼：即争讼，因与人争论而对簿公堂。

补说

1.门柱端正

门柱，除了需要挑选质地优良的木材，施工环节也需要注意，不能使柱子歪斜。门柱歪斜会导致整扇门形制走形，坚固程度下降。另外，歪斜会导致比例失调，影响美观。一般来说，破败的庭院才会出现门柱歪斜、破烂不堪的情况，此处诗文将现象与结果倒置，以此警示东家与工匠，立门柱一定要端正，不然房主就会遭遇病痛、祸患，甚至有生命之忧。

2.门边土壁

门的主体部分中的门扇、门柱等，一般都是由木材制作而成，顶多会在上面加一些金属零件，如铁钉、铁环、用于包裹边角的铁皮等，在门柱两边各加一堵高于周围墙壁的短墙（厚度也比一般的墙体要厚），可以为木结构遮风挡雨，延长使用寿命。

左右两侧土壁的大小统一，也是一件建造过程中需要注意的事情。在我国传统文化中，"平衡"是一个很重要的观念，天地有上下，万物有"阴阳"，儒家的"中庸"之道也包含了一个均衡。如果失衡就会出现混乱，在中医观念中，人体也有阴阳二气，阴阳失调就会出现病痛。所以，事物不论大小，都要讲究一个平衡。门两侧的土壁也是如此，如果大小不一，就会影响这家人的正常生活，对于夫妻而言，会不合、离婚，甚至要对簿公堂；对于老人和儿孙而言，可能无人赡养，孤苦无依。

3.门顶装饰

门，作为住宅的重要组成部分，对其进行装饰具有重要的意义。大门装饰是主人身份的体现，普通人家不能使用斗拱。从实用的角度看，由于普通人家大门规格有限，"仰供装"会使得门洞高度变低，影响出入。

诗曰：

门前壁破街砖缺，

家中长不悦。

小口枉死[1]药无医，

急要修整莫迟迟[2]。

二家不可门相对，
必主一家退[3]。
开门不得两相冲，
必有一家凶。

门板莫令多树节[4]，
生疮疔[5]不歇。
三三两两或成行，
徒配出军郎[6]。

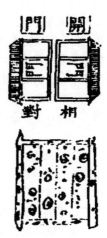

注释

　　[1]枉死：因发生意外而导致死亡。

　　[2]迟迟：拖延。

　　[3]退：衰退。

　　[4]树节：树木主干与枝杈相交的地方。

　　[5]疮疔：即疔疮，一种发病速度快并且波及范围广至全身的小疮，形状像钉子，表面坚硬，根部深入皮肤。

　　[6]军郎：即士兵，古代被征召去打仗的士兵，没有几个能够活着回来。所以，家中出军郎，对于平民百姓而言，并不是什么好事。唐代诗人杜甫诗云："生女犹是嫁比邻，生男埋没随百草。君不见青海头，古来白骨无人收。新鬼烦冤旧鬼哭，天阴雨湿声啾啾。"

补说

1.旧门的修补

　　勤于修补，才能免于破败，与"破窗理论"有很大相似性。如果任由墙壁毁坏不去修补，不仅会有倒塌的危险，还在一定程度上说明住宅的主人没有上进心，不思进取，此种家庭必然衰败。

2.自家门与邻家门的关系

　　家中大门在规划时，需要考虑与邻居的关系，不能跟邻居家的大门相对。若二门相对，很可能会造成邻里矛盾。街道，本是公共道路，作为一个公共空间供人车通行、停留。但是，当有人家对着街道开出大门时，门前的这片地虽然还是公共道路的一部分，但同时也带有了一定的私人属性。对门前道路财力、物力以及情感的投入，都会进一步加深其私有性。所以，当两户人家的大门相对时，门前的道路每家只能占一半，如果划分不均，或因为其中一家实际空间需求超过一半，两户人家就很可能会发生矛盾，矛盾升级就会导致两败俱伤，或者其中一家退让。

3.门板选材

在选材方面，诗句中说门板不能选用有很多树节的木材，如果选用这样的木材，家中的人身上就会生疮。这是一种非常形象的说法，将人的身体看作木板，木板上那些奇形怪状的树节就像生的疮一样。要是门板上的树节排列有序，家里就会出当兵的人。古代的士兵到了战场上没有几个能活着回来，对于一个家庭而言也不是什么好事。树节处质地松散，容易受潮腐烂或被虫蛀，采用这样的木材，门板容易腐朽。

诗曰：

门户中间窟痕[1]多，
灾祸事交讹[2]。
家招刺配[3]遭非祸[4]，
瘟黄[5]定不差。

门板多穿破，
怪异为凶祸。
定注[6]退[7]才产[8]，
修补免贫寒。

一家不可开二门，
父子没慈恩。
必招进舍[9]填门客[10]，
时师[11]须会识[12]。

一家若作两门出，

鳏寡[13]多冤屈。

不论[14]家中正主人，

大小自相凌[15]。

注释

〔1〕窟痕：窟窿之类的破败痕迹。

〔2〕讹：错误。

〔3〕刺配：古代的一种刑罚。在犯人面部刺刻标记，押送到边远地方。通常编入边疆驻军服役，故又名充军。

〔4〕非祸：意外发生的祸患，飞来横祸。

〔5〕瘟黄：发热恶寒性疾病。

〔6〕定注：注定，一定会。

〔7〕退：衰退。

〔8〕才产：即财产。　才，通"财"。

〔9〕进舍：古代有一定田产的寡妇，家中子女尚幼，需要一男子协助打理田产，便招婿上门，俗称"进舍"。

〔10〕门客：与"进舍"相对应，意思相同，皆为上门女婿。

〔11〕时师：当时的匠师。

〔12〕会识：理解、知道。

〔13〕鳏寡：老而无妻或无夫的人。引申指老弱孤苦者。

〔14〕不论：不尊敬，无视，无礼的意思。

〔15〕相凌：指相互侵扰。

补说

1.门板修护

古代讲究"修身齐家治国平天下"，建筑的打理也是齐家的内容，大门作为一个家庭的门面，在"齐家"中占有很重要的位置，虽然不一定亲自动手，但必须要有这方面的意识。任由家中门板破败，就不是君子所为了。《鲁班经》是民间流传的典籍，其受众多是没有文化的普通民众，所以教化的方式与儒家的君子之行也会有所区别。儒家讲究仁义礼智信，普通百姓则更相信鬼神和因果报应。此处对普通百姓的警告就是带有诅咒性质的强拉来的因果：门板有很多窟窿，就会有很多灾祸，有因为犯罪被刺配边疆的，也有得怪病的。这种既形象又恐怖的方式，应该更容易被普通百姓理解，而且印象深刻。

2.开门

一个家庭不能开两处门，不然会造成家庭不和：父子之间会产生矛盾；家中丈夫会过世，留下孤儿寡母，还要招上门女婿来料理家事。为了避免这些祸事发生，工匠师傅一定要注意避免开两个门。

另一处所说依然是家中开两个门出入的坏处，家里老人会孤苦无依，家中的主人得不到尊敬，长幼之间矛盾不断。如果家中只有一个门出入，即使家里人闹了矛盾，一时可以躲在各自的房里不见面，但进出家门总会有遇到的时候，有了交往矛盾自然也就容易化解，才能维持长期的家庭和睦。

二、宅院内部的布局规划

（一）主屋与配房的位置关系

在一座宅院之中，往往会有多间房屋，除了厅堂正房居于主要位置外，两侧还会有配房，但配房一般不能在主屋的前方，否则会阻挡阳光，并影响主屋的空气流通。有些家庭在厅屋和配房前方搭建了走廊，可以起到遮阳、防雨等作用。不过，要注意的是，两侧房屋的走廊要通过厅廊和门廊连接起来，从而很好地将厅屋、配房连接到一起，主人可以很便利地游走于其间，也可以对房屋侧面的木结构起到较好的保护作用。从安全角度考虑，四壁相连，成为一个整体，可以使整个院落具有更强的防卫功能。如果两侧的走廊不连接在一起，则显得院中房屋离散，给主人带来诸多不便。

诗曰：

　　厅屋两头有屋横，

　　吹祸[1]起纷纷。

　　便言名曰抬丧山[2]，

　　人口不平安。

西(四)廊壁枋[3]不相接,

必主相离别。

更出人心不伶俐,

疾病谁医治。

注释

〔1〕吹祸:或指"灾祸"。

〔2〕抬丧山:喻指重大灾祸。

〔3〕枋:在建筑学中,枋是在柱子之间起连接和稳定作用的水平向或与梁垂直方向的穿插构件,往往随梁或檩而设置。

在农耕社会,粮食是一个家庭的重要财产,囤放粮食所用的粮仓,在人们心中就占据了重要地位。粮仓作为小型建筑,在宅院中的位置规划也受到了人们的更多关注。粮食需要在较为开阔的地方晾晒,若离居住区太近,不但难以就近找到开阔之处晾晒,还容易受到人们的踩踏、混入杂物等,同时,粮仓还会占据人们的活动空间,妨碍出行。从人居环境的角度考虑,粮食受潮霉变,会产生有毒物质,气味难闻,另外,粮食容易招鼠虫聚集,导致居住区财物被破坏。所以,综合而言,粮仓需要与居住区保持一定距离。

诗曰:

人家相对仓门开,

定断有凶灾。

风疾[1]时时不可医,

世上少人知。

人家方畔有禾仓，
定有寡母坐中堂[2]。
若然架在天医位[3]，
却宜医术正相当。

禾仓背后作房间，
名为疾病山[4]。
连年困卧不离床，
劳病最恓惶[5]。

注释

〔1〕风疾：指风痹、半身不遂等症。

〔2〕中堂：家中的会客室，居中的厅堂。

〔3〕天医位：天医位，乃八宅风水的吉位，天医（财位、大吉）。

〔4〕疾病山：形容容易生病的地方。

〔5〕恓惶：劳碌、悲伤。

（二）宅院内部道路布局

宅院内部的规划，除了房屋等建筑的布局外，还要注意道路的布置。在布置栏杆时，应该充分考虑其围挡、引导的特性。栏杆在一定程度上有拦截之意，相当于矮墙，同时因为材料和形制的通透性又带有装饰性。栏杆通过拦截，指引行人在规划出来的道路上行走，最终把人导向指定的区域。

诗曰：

门外置栏杆，
名曰纸钱山。
家必多丧祸，
恓惶实可怜。

人家天井置栏杆，
心痛药医难。
更招眼障暗昏蒙，
雕花极是凶。

当厅若作穿心梁[1]，
其家定不详。
便言名曰停丧山[2]，
哭泣不曾闲。

注释

〔1〕穿心梁：房屋立柱间横向添加的起连接作用的横梁。从配图来看，这

种横梁甚至低于屋檐处的檩条。之所以认为这种横梁不好，是因为它破坏了室内空间的开阔性，容易给人造成压迫感。

〔2〕停丧山：形容灾祸不断，甚至危及家人性命。

三、住宅与外部环境的关系

住宅的好坏，除了内部空间需要合理规划外，宅院的外部环境也很重要。经过长期的实践，古人总结出了很多具有代表性的规律，主要包括地基形态、道路、水流、山石等四个方面，这四个方面也存在一定的联系。

地基形态

古人认为地基形态方正或者呈圆形向外凸出，是比较好的格局，相反，地基形态不规则、围墙向内凹等，则是不好的格局，对居住者不利。总体而言，影响地基形态的因素主要包括自然条件和周围建筑形态两个方面。在地势开阔的地方，人们可以较为自由地选择地基形态，可以规划出方正的格局。在自然环境较为复杂的地区，地基规划则要充分考虑与山、水的关系，既要免受山石格挡，还要便于利用水源。若是在人口较为密集的居住区，宅基地的选择除了要注意周围邻居住宅的影响，还要考虑到土地的价格，毕竟城市的地价格较为昂贵。出于综合考虑，城市中的住宅形态也就多种多样，难以完全按照吉宅的样式来修建。

道路

道路的形态、走向、多少等会对周边的住宅产生一定的影响。概括来看，平直、少岔路、环抱等特征的道路，对周边的住宅较为有利，而那些曲折、多分岔的道路，不利于出行，对周边住宅不利。

　　道路形态受到多方面因素的影响，基本与宅基地形态的影响因素相同。很多曲折、分叉的道路的形成，都是因为周围存在不易改变的环境，如建筑、巨大的山石、水池、较深的沟壑等等。

水流

　　通常情况下，人们认为山环水抱可以形成"环抱有情"的效果，在满足用水需求的同时，还能起到防卫的作用。不过，住宅最好还是与水源，特别是河流、湖泊、池塘保持一定的距离。因为多雨的夏季，河水容易泛滥，而且水中容易滋生蚊虫，会降低人们的生活质量，还可能传播疾病。

山石

　　不妨碍人们出行，且形态秀美的山石，不但不会影响道路的形态，还能给人美的享受。相反，那些对道路、宅院形态造成影响，阻碍交通，给生活带来不便，形态怪异的山石，容易给人带来不好的感觉。

（一）地基形态

诗曰：

故身一路横哀哉，
屈屈[1]来朝入冗蛇。
家宅不安死外地，
不宜墙壁反教余。

门高叠叠似灵山，
但合僧堂道院看。
一直倒门无曲折，
其家终冷也孤单。

四方平正名金斗[2]，
富足田园粮万亩。
篱墙回环无破陷，
年年进益添人口。

注释

〔1〕屈屈：同"曲曲"，形容（墙壁）弯弯曲曲。
〔2〕斗：古代计量工具，方形，用来称量谷、米等粮食。

诗曰：

墙垣如弓抱，
名曰进田山[1]。
富足人财好，
更有清贵官。

右边墙路如直出，

时时叫冤屈。

怨嫌无好一夫儿，

代代出生离。

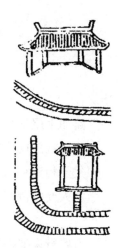

一重城抱一江缠[2]，

若有重城积产钱。

虽是富荣无祸患，

只宜抱子度晚年。

注释

　　[1]进田山：即进财山，形容家中聚财。田，在农耕社会是非常重要的财富来源，可以等同于钱财。

　　[2]一重城抱一江缠：形容宅院除了围墙护持，还有河流围绕，如同城市高大的城墙外还有一条护城河，具有很好的安全性。

（二）住宅外的道路

诗曰：

　　路如牛尾不相和，
　　头尾翻舒反背吟。
　　父子相离真未免，
　　女人要嫁待何如。

　　有路行来似铁丫，
　　父南子北不宁家〔1〕。
　　更言一拙诚堪拙，
　　典卖田园难免他。

　　路若钞罗〔2〕与铜角〔3〕，
　　积招疾病无人觉。
　　瘟瘟麻痘若相侵，
　　痢疾师巫方有法。

注释

　　〔1〕不宁家：家中不得安宁，形容家中总有不好的事情发生。
　　〔2〕钞罗：即敲锣。　钞：应为"敲"之误。
　　〔3〕铜角：唇簧气鸣乐器，多以铜制，故称，也称"铜号""吹金""铜号角""铜喇叭"，音色高昂、嘹亮。形态分两类：一种仿牛角，体弯；另一种作长锥筒形。古代宫廷仪仗乐盛用。唐代十部伎中，仅用于高昌伎。明清时期，铜角大都分两节嵌套，演奏时，伸缩调音，也方便携存，有"大铜角""小铜角"之分，称"大号""二号"。于喇叭口作龙头饰者，则称"龙头角"或"兀龙角"。用于军事者称为"军号"。至清代，在民间吹打乐和戏曲中所用的称"号筒""号头""嘻头""唔头""喇叭"等。

诗曰：

> 方来不满破分田，
> 十相人中有不全。
> 成败又多徒费力，
> 生离出去岂无还。

> 左边七字须端正，
> 方断财山定。
> 或然一似死鸭形，
> 日日闹相争。

> 若见门前七字去，
> 断作辨金路[1]。
> 其家富贵足钱财，
> 金玉似山堆。

注释

　　〔1〕辨金路：或为"变金路"，创造财富之路。

诗曰：

> 屋前行路渐渐大，
> 人口常安泰。
> 更有朝水向前来，
> 日日进钱财。

路如衣带细参详，
岁岁灾危反位当。
自叹资身多耗散，
频频退失好恓惶。

左边行带事亦同，
男人效病手拍风。
牛羊六畜空费力，
虽得财钱一旦空。

诗曰：

门前行路渐渐小，
口食随时了[1]。
或然直去又低垂，
退落不知时。

路若源头水并流，
庄田千万岂能留。
前去若更低低去，
退后离乡散手游。

路如烛焰冒长能，
可叹其家小口亡。
儿子卖田端的有，
不然父母也投河。

注释

〔1〕口食随时了：家中口粮随时都有可能中断。

诗曰：

　　有路行来若火勾，
　　其家退落更能偷〔1〕。
　　若还有路从中入，
　　打杀他人未肯休。

　　一来一往似立幡，
　　家中发后事多般。
　　须招口舌重重起，
　　外来兼之鬼入门。

　　翻连屈曲名蚯蚓，
　　有路如斯人气紧。
　　生离未免两分飞，
　　损子伤妻家道亏。

注释

〔1〕能偷：形容家中会出偷盗之人。

诗曰：

　　十字路来才分谷，
　　儿孙手艺最堪为。
　　虽然温饱多成败，
　　只因娼好实已虚。

抱户^[1]一路两交加，
室女遭人杀可嗟。
从行夜好家内乱，
男人致死也因他。

展帛^[2]回来欲卷舒，
辨钱田^[3]即在方隅。
中男长位须先发，
人言此位鬼神扶^[4]。

注释

〔1〕抱户：环绕着住户（的道路）。
〔2〕展帛：形容道路交错形态类似价值连城的丝帛。
〔3〕辨钱田：即"变钱田"，能够带来大量财富的土地。与上文"辨金路"含义相似。
〔4〕鬼神扶：鬼神都会扶持、帮助（这里的人）。

诗曰：

路如丁字损人丁，
前低荡去不堪行。
或然平生犹轻可，
也主离乡亦主贫。

路如跪膝不风光，
轻轻乍富便更张^[1]。
只因笑死浑闲事^[2]，
脚病常常不离床。

路成八字事难逃，

有口何能下一挑。

死别生离争似苦，

门前有此非吉兆。

注释

〔1〕更张：改弦更张，事态向相反方向发展。

〔2〕浑闲事：形容游手好闲，不务正业。

（三）宅院外的水流、山石

诗曰：

人家不宜居水阁[1]，
过房并接脚。
两边池水太侵门[2]，
流传儿孙好大脚[3]。

土堆似人拦路抵，
自缢不由贤。
若在田中却是牛，
名为印绶保千年。

注释

[1] 水阁：水边的楼阁建筑。

[2] 太侵门：距离大门太近。

[3] 好大脚：大概自五代时期开始，女子开始流行裹小脚，明清时期空前发展，故大脚受到人们的鄙视。《明清民歌时调集·挂枝儿·大脚》："乡里姐儿偶到城里来望，见一双小脚儿心里就着忙，急归来缠上他七八趟，紧些儿疼得很，松些儿又痒得慌，这不凑趣的孤拐也，只怕明春还要长。"

诗曰：

门前土堆如人背，
上头生石出徒配[1]。
自他渐渐生茅草，
家口常忧恼。

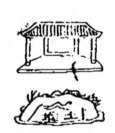

门前土墙如曲尺，
造契人家吉。
或然曲尺向外长，
妻壻〔2〕哭分张。

前街玄武入门来，
家中常进财。
吉方更有朝水〔3〕至，
富贵进田牛。

注释

〔1〕徒配：遭到发配流放的囚徒。
〔2〕妻壻：夫妻二人。　壻，古同"婿"。
〔3〕朝水：即潮水。

诗曰：

门前腰带田陆大，
其家有分解。
园墙四畔更回还，
名曰进财山。

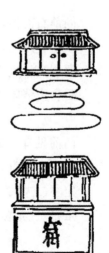

门前有路如员障〔1〕，
八尺十二数。
此窟名如陪地金，
旋旋入庄田。

门前行路如鹅鸭，
分明两边着。
或然又如鹅掌形，
口舌〔2〕不曾停。

注释

〔1〕员障：环形障碍，形容道路如同环岛。　员，即圆，环形。
〔2〕口舌：争吵。

诗曰：

双槐〔1〕门前路扼精，
先知室女有风声。
身怀六甲方行嫁，
却笑人家浊不贞。

门前石面似盘平，
家富有声名。
两边夹从进宝山，
足食更清闲。

门前见有三重石，
如人坐睡直。
定主二夫共一妻，
蚕月〔2〕养春宜。

注释

〔1〕槐：结合插图，此字或为"块（繁体为'塊'）"，代指石块。
〔2〕蚕月：夏历三月。因为是养蚕的月份，所以称作"蚕月"。

诗曰：

> 屋边有石斜耸出，
> 人家常仰郁。
> 定招风疾及困贫，
> 口食每求人[1]。

> 排算虽然路直横，
> 须教笔砚[2]案头生。
> 出入巧性多才学，
> 池沼为财轻富荣。

> 路来重曲号为州，
> 内有池塘或石头。
> 若不为官须巨富，
> 侵州侵县置田祷[3]。

注释

〔1〕口食每求人：形容家境贫寒，需要靠他人接济度日。

〔2〕笔砚：道路为笔，水池为砚，这是古人对科甲的美好愿望。在很多古村落中可以看到这种布局。

〔3〕祷：应为"畴"之误。

诗曰：

> 右面四方高，
> 家里产英豪。
> 浑如斧凿成，
> 其山出贵人。

路如人字意如何，
兄弟分推隔用多。
更主家中红焰^[1]起，
定知此去更无庐^[2]。

石如虾蟆^[3]草似秧^[4]，
怪异入厅堂。
驼腰背曲家中有，
生子形容丑。

注释

〔1〕红焰：火焰，大火。
〔2〕庐：房屋。
〔3〕虾蟆：蛙类的一种。
〔4〕草似秧：形容野草长得茂盛。

诗曰：

四路直来中间曲，
此名四兽能取禄。
左来更得一刀砧，
文武兼全俱皆足。

石如酒瓶样一般，
楼台更满山。
其家富贵欲一求，
斛注^[1]使金银。

或外有石似牛眠，

山成进庄田[2]。

更有水在丑方出，

六畜自兴旺。

注释

　〔1〕斛注：古代称量器具，主要用于称量酒、水等液体。此句形容家中财源不断，可以如流水一样使用金银。

　〔2〕进庄田：形容家中田地数量增加。

诗曰：

南方若还有尖石，

代代火烧宅。

大高[1]尖起[2]火成山，

烧尽不为难。

石虽屋后起三堆，

仓库积禾囤。

石藏屋后一般般，

潭且更清闲。

品岩嵯峨似净瓶[3]，

家出素衣僧。

更主人家出孤寡，

宫[4]更相传有。

注释

　〔1〕大高：高大的石头。

〔2〕尖起：尖尖地耸立。

〔3〕净瓶：以陶瓷或金属等制造，用于盛水的器具，佛教中的重要法器，为比丘十八物之一。净瓶头大脖子细，肚子大，底部细，这种形状的石头缺乏稳定性，存在一定的安全隐患，所以，古人认为这种形状的石头不好。

〔4〕宫：此处或指道教的宫观，代指道士。

肆

附录篇

附录一 《秘诀仙机》

唐李淳风代人择日，其家造屋，淳风与之择日，乃十恶大败日，言称今日乃上吉日也，遂与其书此对贴于柱。其日袁天罡同唐太宗来访淳风，偶见其立柱上梁，天罡笑曰："天下术士乱为也。"太宗曰："何也？"天罡曰："今日乃十恶日也。"太宗曰："可问是谁择之日？"遂问

之，其家对曰："淳风也。"天罡曰："今在何处？"其家遂答曰："在右左寺山门日卜数。"天罡欲行，其家留之，待以盛酒，不数杯，遂辞而行。天罡与太宗曰："臣闻淳风高士，今虚传也。"太宗曰："可去问其数，看其知我尔乎？"太宗未至寺，天罡先行见淳风，曰："知我乎？"曰："知也。今日左辅临寺，是君也，紫微至寺，差一时，然卦属乾，二爻见龙在田，乃君至也。"天罡曰："今知吾来，是真乃袁天罡。前村上梁择日是尔否？"曰："然。"天罡曰："今日乃十恶大败日，何不识也？"曰："今日紫微临吉地，诸凶神皆避也。"天罡曰："紫微在于何所？"曰："将及至寺也。"方说完，太宗驾至，入寺，淳风拜伏于地。太宗问其详，天罡对以"立柱喜逢黄道日，上梁正遇紫薇星"之说，一一讲明，太宗遂扶起而还，遂擢为军师。今人家贴此，是此故事也。

灵驱解法洞明真言秘书

魇者必须有解，前魇禳之书，皆土木工师邪术：盖邪者，何能胜正！是书所载诸法，皆句句真言、灵符妙诀，学者观者，勿得污手开展，各宜敬之。凡有一切动作，起造完日，解禳之后，则土木之魇无益矣。如居旧室，或买者赁者，家宅累见凶事，或病、或口舌、或争讼、家中不和睦、梦魇叫、见神遇鬼、伤害人口、生意淡薄、时常火发、频贼偷盗、飞来等祸、败家丧命之类，并皆可禳，能转祸为福，百难无侵，则永远安泰矣。

因累试累验，特此抄刊。

工完禳解咒

咒曰：五行五土，相克相生。木能克土，土速遁形。木出山林，斧金克神，木精急退，免得天嗔。工师假术，即化微尘。一切魔鬼，快出户庭。扫尽妖氛，五雷发声。柳枝一洒，火盗清宁。一切魔物，不得翻身。工师哩语，贬入八冥。吾奉天令，永保家庭，急急如老君律令。

禳解类

[瓦将军]　凡置瓦将军者，皆因对面或有兽头、屋脊、墙头、牌坊脊，如隔屋见者，宜用瓦将军。如近对者，用兽牌，每月择神在日安位，日出天晴安位者，吉。如雨不宜，若安位反凶。木物不宜藏座下，将军本属土，木原克土，故不可用安位，必先祭之，用三牲、果酒、金钱、香烛之类。

咒曰：伏以神本无形，仗庄严而成法相，师傅有教，待开光而显灵通（即用墨点眼）。伏为南瞻部洲大明国某省某府某县某都某图住屋奉神信士某人，今因对门远见屋脊，或墙头相冲，特请九兽总管瓦将军之神，供于屋顶。凡有冲犯，迄神速遣，永镇家庭，平安如意，全赖威风。凶神速避，吉神降临，二六时中，全叨神庇，祭祝以完，请登宝位。

祝毕以将军面向前（上梯），不可朝自己屋。凡工人只可在将军后，切不可在将军前，恐有伤犯。休教主人对面仰观，宜侧立看，吉。

［石敢当］ 凡凿石起工，须择冬至日后甲辰、丙辰、戊辰、庚辰、壬辰、甲寅、丙寅、戊寅、庚寅、壬寅，此十二日乃龙虎日，用之吉。至除夜用生肉三片祭之，新正寅时立于门首，莫与外人见，凡有巷道来冲者，用此石敢当。

［兽牌］ 但有人家对近墙屋之脊，用此兽牌，钉于窗顶上，不可直钉檐下，则对不着对面之冲，钉者须要准对，不可歪斜钉，不可钉于兽面，若钉当中反凶也。今有图式，黑圈处钉钉之处也，取六寅日寅时吉，忌未亥生人。

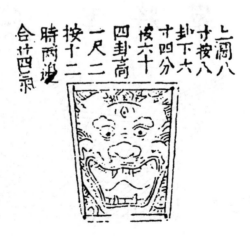

［赐福板］　此板钉他人屋脊上或墙上，须要与他家屋主人说明，要他家主人写，不可自书。若自写，反不吉。此板因不钉兽牌，或对门相好亲友，恐他人不喜之设，故钉此，以两吉也，和睦乡里之用。

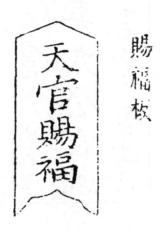

［一善］　择四月初八日，用佛马净水化纸毕，辰时钉。钉时，须要人看待，傍人有识此者，借其言曰："一善能消百恶。"若傍人不说，则先使亲友来说。钉此一善，须要现眼处。

［姜太公在此］　凡写姜太公贴者，不宜用白纸，要用黄纸，吉。

但一应兴工破土、起造修理皆通用。

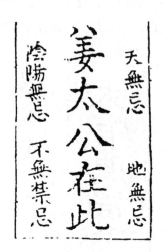

[倒镜] 此镜铸成如等盘样,四围高,中间陷,不宜太深凹,中磨亮,不类人与物照之,皆倒也。凡有厅屋、宫室、高楼、殿寺、庵观屋脊及旗竿相冲,用此镜镇之。

　　［吉竿］　吉竿用长木佳，上用披水板，如雨落水一般，名曰"避
雨"。中用转肘，好扯灯笼，灯笼上写"平安"二字。避雨中用一板，
上写"紫微垣"三字，像神位一般，供在避雨中，朝对冲处。凡有大
树、灯竿、城楼、宝塔、月台、更楼、敌楼、官厅、官堂冲者，并皆
用之。若人家前高后低者，亦用。此不宜太高，立于后门或后天井中。
若后边有山高、墙高、他家屋高，亦用此立于前天井内门前。

吉竿

［黄飞虎］ 飞虎将军，或纸上画，或板上画。凡有人家飞檐横冲者，用此。横冲屋脊等项，亦用此镇之。见有人家安酒瓶者，亦同用小三白酒，内藏五谷，太平钱一文，研成一块，如品字样。

［山海镇］ 山海镇如不画者，只写"山海镇"亦可，画之尤佳。凡有巷道、门路、桥亭、峰土堆、枪柱、船埠、豆篷柱等类通用。

　　[九天元雷]　凡有钟楼、鼓楼、铁马梯、回廊、秋千架、牌楼上麒麟狮子开口者，及照墙、神阁、五圣堂屋脊相冲等项，并皆用贴于横枋上，此事逢凶化吉。

　　[枪篱]　凡有低屋脊及矮墙头冲者用。如己屋朝东、朝西、朝南者，恐日影、墙脊、屋脊影入门，故用枪篱以当其锋。

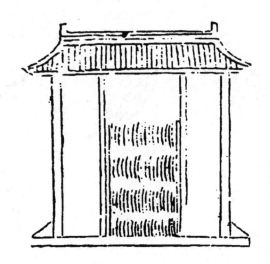

鲁班秘书

凡匠人在无人处，莫与四眼见。自己闭目展开，一见者便用。

船亦藏于斗中， 可用船头朝内，主进财。 不可朝外，朝外主财退。	桂叶藏于斗内， 主发科甲。	不拘藏于某处， 主主人寿长。
此披头五鬼， 藏中柱内， 主死丧。	黑日藏家不吉昌， 昏昏闷闷过时光。 作事却如云蔽日， 年年疟疾不离床。 藏大门上枋内。	一个棺材死一人， 若然两个主双刑。 大者其家伤大口， 小者其家丧小丁。 藏堂屋内枋内。
铁锁中间藏木人， 上装五彩像人形。 其家一载死五口， 三年五载绝人丁。 深藏井底或筑墙内。	竹叶青青三片连， 上书大吉太平安。 深藏高顶椽梁上， 人口平安永吉祥。 藏钉椽屋脊下梁柱上。	门缝中间藏墨浸， 代代贤能出方正。 不为书吏却丹青， 安稳人家主忠信。

（续表）

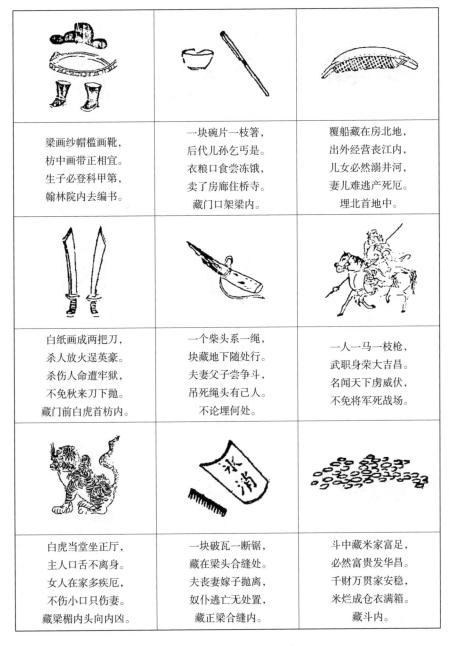

梁画纱帽槛画靴， 枋中画带正相宜。 生子必登科甲第， 翰林院内去编书。	一块碗片一枝箸， 后代儿孙乞丐是。 衣粮口食尝冻饿， 卖了房廊住桥寺。 藏门口架梁内。	覆船藏在房北地， 出外经营丧江内， 儿女必然溺井河， 妻儿难逃产死厄。 埋北首地中。
白纸画成两把刀， 杀人放火逞英豪。 杀伤人命遭牢狱， 不免秋来刀下抛。 藏门前白虎首枋内。	一个柴头系一绳， 块藏地下随处行。 夫妻父子尝争斗， 吊死绳头有己人。 不论埋何处。	一人一马一枝枪， 武职身荣大吉昌。 名闻天下虏威伏， 不免将军死战场。
白虎当堂坐正厅， 主人口舌不离身。 女人在家多疾厄， 不伤小口只伤妻。 藏梁楣内头向内凶。	一块破瓦一断锯， 藏在梁头合缝处。 夫丧妻嫁子抛离， 奴仆逃亡无处置， 藏正梁合缝内。	斗中藏米家富足， 必然富贵发华昌。 千财万贯家安稳， 米烂成仓衣满箱。 藏斗内。

（续表）

双钱正梁左右分， 寿财福禄正丰盈。 夫荣子贵妻封赠， 代代儿孙挂绿衣。 藏正梁两头，一头一个， 须要覆放。	七个钉头作一包， 七口人丁永不抛。 若然添人与娶媳， 一得一失必难逃。 藏柱内孔中。	合木木中书此符， 家中尝见鬼妖魔。 走石飞砂长作怪， 妻女儿郎祛病多。 将木上镶缝中画之。
一锭好墨一枝笔， 富贵荣华金阶立。 必佐圣朝为宰臣， 笔头若蛀退官职。 藏枋内。	朱雀前书多口舌， 官非横祸相磋涉。 家财耗散损人丁， 直待卖房才得歇。 写大门上枋中。	门槛缝中书一囚， 房若成时祸上头。 天大官司监牢内， 难出监中作死囚。 藏门坎合缝中。
头髪中间裹把刀， 儿孙落发出家逃。 有子无夫常不乐， 鳏寡孤独不相饶。 藏门坎下地中。	房屋中间藏牛骨， 终朝辛苦忙碌碌。 老来身死没棺材， 后代儿孙压肩肉。 埋屋中间。	墙头梁上画葫芦， 九流三教用功夫。 凡住人家皆异术， 医卜星相往来多。 画墙上，画梁合缝内。

　　凡造房屋，木石泥水匠作诸色人等蛊毒魔魅，殃害主人，上梁之日，须用三牲福礼，攒匾一架，祭告诸神将、鲁班先师。秘符一道，念咒云：恶匠无知，蛊毒魔魅，自作自当，主人无伤。暗诵七遍，本匠遭殃，吾奉太上老君敕令，他作吾无妨，百物化为吉祥，急急律令。

　　即将符焚于无人处，不可四眼见。取黄黑狗血，暗藏酒内，上梁时将此酒连递匠头三杯，余者分饮众位。凡有魔魅，自受其殃，诸事皆祥。

　　此符用朱砂书，符贴正梁上。

　　黑圈内写本家名字在内，写完以墨涂之。贴符用左手持之，贴时莫许外人说闲语。贴毕下梯，方以青龙和合净茶米食化纸，即安家堂圣众，接土地灶神居位，遂念安家堂真言，曰：

　　　天阳地阴，二气化神，

　　　三光普照，吉曜临门。

　　　华香散彩，天乐流音，

　　　迎请家堂，司命六神。

　　　万年香火，永镇家庭，

诸邪莫入，水火难浸。

门神户尉，杀鬼诛精，

神威广大，正大光明。

太乙敕命，久保私门，

安神已毕，永远大吉。

家宅多祟禳解

多有人家内或远方带来邪神野鬼，家中魇袂之物，邪鬼脱其形儿作怪移物，过东过西，负病人言语，要酒要饭之类，可用此符贴一十二张。按星盘方数，如法贴之，邪祟永无，速去，魇禳之物无用矣。

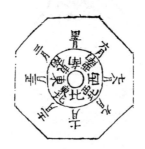

星盘方向定局

前星盘定局皆贴符方法。假如立春前作十二月节气，一立春后，即正月节，第一道即从正东贴起，未立春即从东北贴起。正东、正西、正南、正北皆贴两张，东南、东北、西南、西北皆贴一张，不可错乱，如错乱贴无益。

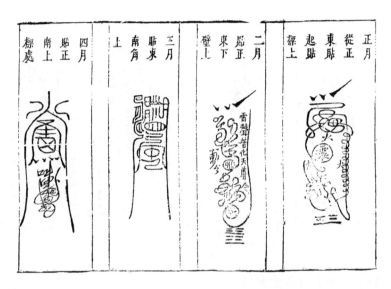

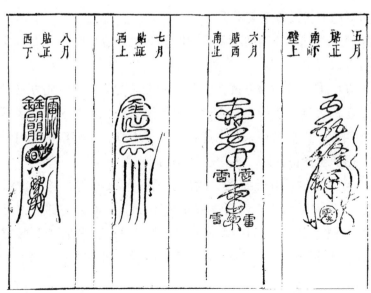

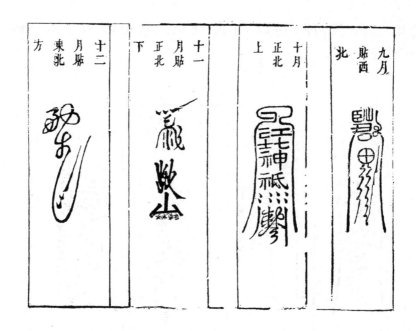

解诸物魔禳万灵圣宝符

霾霝霾霢霆霑霳霥霥霙圭

咒曰：吽吽呢唵噜呵嚽嚁喟哞叫陌叶嚧急急如萨公真人律令内加五雷符以口呵出

东方蛮雷将军，西方蛮雷使者，南方火雷灵官，一北方水雷蛮浪雨师掌雷部大神。田中央直雷姚将军水急急敕，速登坛，以水杨柳净水洒之四方，以黄纸用朱砂书此符，贴于中堂，三牲祭毕，用木匠斧一把，用梯至梁枋各处，连打三下，遂念开天一咒：

开天一咒曰：五姓妖魔，改姓乱常，使汝不得，斧击雷降，一切恶魔，化为微尘，吾奉雷霆霹雳将军令，速速远去酆都，无得停留。又书镇宅灵官符，用指虚书。书毕大喝曰：若有诸等邪魔鬼怪侵犯者，即起金鞭，打为粉碎，门神户尉，各宜本位，本宅之中，永保太平。

开一咒

黑圈内
写其事
上号

青虚指用

念毕诵雷经一卷

　　送青龙、白虎、朱雀、玄武、勾陈、腾蛇、太岁、五方诸天星众，化纸醋潭，奉送出门。毕又安家堂、土地、灶神，化纸于室内，不可送出门外。如此解禳，永无灾障，以凶化吉，家道兴隆，吉祥如意者。

附录二 《新刻法师选择纪全》

《新刻法师选择纪全》

明钱塘胡文焕德父校正

　　贞观元年正月十五日，唐太宗皇帝宣问诸大臣僚："朕见天下万姓，每三四日长明设斋求福，如何却有祸生？"当时三藏和尚奏："万姓设斋之日，值遇凶神，故为咎者，皆是不按藏经内值吉神可用之日，所以致此。臣今藏经内录如来选择纪，奏上见其祸福由之日吉凶也。"

　　甲子日是善财童子在世捡斋，还愿者子孙昌盛福生，招财大吉利。

　　乙丑、丙寅日是阿罗汉尊长者与天神下降，有人设斋还愿者，万倍衣禄，财宝自然吉庆，大吉利也。

　　丁卯日是司命捡斋，有人祈祷还愿者，返善为恶，妨人口，大凶可忌。

　　戊辰、己巳日是那咤太子捡斋，若人设醮还福，返善为恶，妨人口，大凶。

　　庚午日是青衣童子在世捡斋，还福者，主万倍富贵，兴旺大吉。

　　辛未日是三途饿鬼在世捡斋，还愿者，主三年破财，损六畜，大凶。

　　甲戌、乙亥、丙子、丁丑、戊寅、己卯六日是马鸣王菩萨捡斋，得无量福，万事大吉利。

庚辰、辛巳、壬午日是狰狞神恶鬼在世，设斋，主伤人口生灾，家中常有血光火烛，一年大凶。

癸未日是野妇罗刹，设斋，主一年内人口破散，大凶。

甲申、乙酉、丙戌三日是弥陀佛说法之日，设斋还愿者，主三年内获福万倍，子孙兴旺，龙神获佑，百事大吉。

丁亥日是朱雀神在世，设斋还愿者，官灾口舌，疾疫侵害，大凶。

戊子日是冥司差极忌神在世，设斋还愿者，主一年遇遭官事，口舌是非，疾病，此日大凶。

己丑日是司命真君差童子在世捡斋，还愿者主人口安康，获福无量，此日平安。

庚寅、辛卯日是畜神在世，设斋还愿者，主一年内破财损畜是非，大凶。

壬辰日是阿难尊者与青衣童子在世，设斋还愿者，主子孙昌盛，获福无量，三年大吉利。

癸巳日是恶神游行，设斋还愿者，主年年不利，大凶。

甲午、乙未、丙申、丁酉、戊戌、己亥、庚子、辛丑八日是文殊、普贤与青衣童子在世捡斋，还愿者此日获福无量，大吉。

壬寅、癸卯日是观音菩萨行化之日，设斋还愿者，主儿孙得福，后世生净土，所生男子，十相俱足。

甲辰、乙巳日是天下四角大神在世捡斋，还愿者返善为恶，人眷生灾，大凶。

丙午、丁未日是牛头、夜叉在世捡斋，还愿者、人不信用者三年内伤人口，此日大凶。

戊申、己酉日是千佛下世，设斋酬恩了愿，福利万倍，子孙昌盛，财物兴旺，六畜孳生，大吉。

庚戌、辛亥日是一切贤圣同降游行天下，若人祈福者，获福无量，大吉。

壬子、癸丑、甲寅、乙卯四日是诸佛贤圣同恶树，设斋者，此日平平。

丙辰、丁巳日是大头金刚在世，设斋者，此日大凶。

戊午日是诸圣不受愿，心不明，此日大凶。

己未日是释迦如来同菩萨在世，设斋酬恩者，福利无量，大吉。

庚申、辛酉日是释迦如来说法之日，设斋酬恩者，福利无量，家宅富贵兴旺，子孙昌盛，主大吉利也。

壬戌、癸亥日是诸佛不捡斋之日，大凶。

盖闻《皇极玉记》秘于大有之庭，出自太虚玉匣之内，自真君许始有立焉。《选择纪》者，藏于西土宝塔之上，自三藏贞观初现，此分二教建善之文所由起也，虽同源而异派，百川之流归于海，天下无二道，圣人无两心，既有其文，不可不遵焉。

新刻法师选择纪全

置产室

宜黄道、生炁、续世、益后、建、平、满、成、收、开日；忌天贼、土瘟、绝灭、受死及日神所在之方。

癸巳、甲午、乙未、丙申、丁酉在房内北；戊戌、己亥、戊申在房内中；庚子、辛丑、壬寅在房内南；甲辰、乙巳、丙午、丁未在房内东；癸卯日在房内西；己酉日出外游四十日。

起工动土

宜甲子、癸酉、戊寅、己卯、庚辰、辛巳、甲申、丙戌、甲午、丙申、戊戌、己亥、庚子、甲辰、癸丑、戊午、庚午、辛未、丙午、丙辰、丁未、丁巳、辛酉，黄道、月空、成、开日。

造地基

宜甲子、乙丑、丁卯、戊辰、庚午、辛未、己卯、辛巳、甲申、乙未、丁酉、己亥、丙午、丁未、壬子、癸丑、甲寅、乙卯、庚申、辛酉。忌玄武黑道、天贼、受死、天瘟、土瘟、土符、地破、月破、地囊、九土鬼、正四废、天地正转杀、天转地转、月建转杀、土公占、土痕、建、破、收日。

伐木

宜己巳、庚午、辛未、壬申、甲戌、乙亥、戊寅、己卯、壬午、甲申、乙酉、戊子、甲午、乙未、丙申、壬寅、丙午、丁未、戊申、己酉、甲寅、乙卯、己卯、庚申、辛酉，定、成、开日。

忌刀砧杀、斧头杀、龙虎、受死、天贼、月破、危日、山隔、九土鬼、正四废、魁罡日。

伐竹木不蛀

宜甲辰、壬辰、丙辰，每月初五以前遇血忌日。

建宫室

与起造同，宜明堂、玉堂、黄道、大明、三帝星及五帝生日。忌天灾、天火、地火、雷火、月火、独火、火星、魁罡日。

建神庙

不论金华塔台年月，只与起造同。但要神在，忌神鬼隔，沙门寺院同。自汉创白马寺，始有佛庙，皆向东。梁唐之后，多向北，忌向南方。

起工破木

宜己巳、甲戌、辛未、乙亥、戊寅、己卯、壬午、甲申、乙酉、戊子、庚寅、乙未、己亥、壬寅、癸卯、丙午、戊申、己酉、壬子、乙卯、己未、庚申、辛酉，黄道、天成、月空、天、月二德及合、成、开日。

忌刀砧杀、木马杀、斧头杀、天贼、受死、月破、破败、独火、鲁般杀、建日、九土鬼、正四废、四离、四绝日。

起磉扇架

宜甲子、乙丑、丙寅、戊辰、己巳、庚午、辛未、甲戌、乙亥、戊寅、庚辰、辛巳、壬午、癸未、甲申、丁亥、戊子、己丑、庚寅、癸巳、乙未、丁酉、戊戌、己亥、庚子、壬寅、癸卯、丙午、戊申、己酉、壬子、癸丑、甲寅、乙卯、丙辰、丁巳、己未、庚申、辛酉，黄道、天、月二德、成、开、定日。

忌正四废、天贼、建日、破日。

竖柱

宜乙巳、辛丑、甲寅、乙亥、乙酉、己酉、壬子、乙丑、己未、庚申、戊子、乙未、己亥、己卯、甲申、己丑、庚寅、癸卯、戊申、壬戌，黄道、天、月二德诸吉星、成、开日。

上梁

宜甲子、乙丑、丁卯、戊辰、己巳、庚午、辛未、壬申、甲戌、丙子、戊寅、庚辰、壬午、甲申、丙戌、戊子、庚寅、甲午、丙申、丁酉、戊戌、己亥、庚子、辛丑、壬寅、癸卯、乙巳、丁未、己酉、辛亥、癸丑、乙卯、丁巳、己未、辛酉、癸亥，黄道、天、月二德诸吉星、成、开日。

前二条忌朱雀黑、天牢黑、独火、天火、月火、狼藉、地火、冰消瓦解，天瘟、天贼、月破、大耗、天罡、河魁、受死、鲁般杀、刀砧杀、铲削血刃杀、鲁般跌蹼杀、阴错、阳错、伏断、九土鬼、正四废，五行忌月建转杀、火星、天灾日。

盖屋

宜甲子、丁卯、戊辰、己巳、辛未、壬申、癸酉、丙子、丁丑、己卯、庚辰、癸未、甲申、乙酉、丙戌、戊子、庚寅、丁酉、癸巳、乙未、己亥、辛丑、壬寅、癸卯、甲辰、乙巳、戊申、己酉、庚戌、辛亥、癸丑、乙卯、丙辰、庚申、辛酉、定、成、开日。

泥屋

宜甲子、乙丑、己巳、甲戌、丁丑、庚辰、辛巳、乙酉、辛亥、庚寅、辛卯、壬辰、癸巳、甲午、乙未、丙午、戊申、庚戌、辛亥、丙辰、丁巳、戊午、庚申、平、成日。

拆屋

宜甲子、乙丑、丙寅、戊辰、己巳、辛未、癸酉、甲戌、丁丑。
○○●●●○○人人人○○○●●●○○○人人人○○●●●○○○
大月从下数至上逆行，小月从上数至下顺行，一日一位，遇白圈大吉，黑圈损六畜，人字损人，不利。忌庚寅门，大夫死日及六甲胎神占月，不宜修。

塞门

宜伏断、闭日，忌丙寅、己巳、庚午、丁巳及四废日。

开路

宜天德、月德、黄道日。忌月建转杀、天贼、正四废。

塞路

宜伏断、闭日。

筑堤塞水

宜伏断、闭日，忌龙会、开、破日。

造桥梁

不论金华台塔年月，只与起造宅舍同。忌寅申、巳亥日时，为四绝、四井。

筑修城池建营寨

宜上吉黄道、大明、要安、续世、益后、天、月二德及合、天成、天祐、咸勋、福厚、吉期、普护、守、成、兵吉、兵宝。

造仓库

宜丙寅、丁卯、庚午、己卯、壬午、癸未、庚寅、甲午、乙未、癸卯、戊午、己未、癸丑、满、成、开日。

前三条俱忌朱雀黑、天牢黑、天火、狼藉、独火、月火、九空、空亡、财离、岁空、死炁、官符、月破、大小耗、天贼、天瘟、受死、冰消瓦解、月建转杀、月虚、月杀、四耗、阴阳错、地火、伏断、正四废、火星、十恶、天地离、九土鬼、大杀入。

塞鼠穴

宜壬辰、庚寅、满、闭日，正月上辰、鼠死日，穴天狗日。

造厨

宜丙寅、己巳、辛未、戊寅、甲申、戊申、甲寅、乙卯、己未、庚申。

砌灶

宜甲子、乙丑、己巳、庚午、辛未、癸酉、甲戌、乙亥、癸未、甲申、壬辰、乙未、辛亥、癸丑、甲寅、乙卯、己未、庚申，黄道、天赦、月空、正阳、五祥、定、成、开日。

前二条忌朱雀黑、天瘟、土瘟、天贼、受死、天火、独火、十恶、四部转杀、九土鬼、正四废、建、破、丙、丁、午日，每月初七、十五、廿七，不可移动，每月初八、十六、十七日及六甲胎神占月，忌拆灶修理。

（戊寅、己卯、癸未、甲申、壬辰、癸巳、甲午、乙未、己亥、辛丑、癸卯、己酉、庚戌、辛亥、癸丑、丙辰、丁巳、庚申、辛酉、除日。

前三条俱忌朱雀黑、天火等火，天瘟、火星、天贼、月破、受死、蚩尤、九土鬼、八风、正四废转杀，午日、丁巳日。）[1]

扫舍

宜除、满日。

偷修

宜壬子、癸丑、丙辰、丁巳、戊午、己未、庚申、辛酉，以上八日，凶神朝天，可并工造作修理。

---

[1] 括号内内容似与上文不合，或为"修门吉凶"之条目内容。

修造门

宜甲子、乙丑、辛未、癸酉、甲戌、壬午、甲申、乙酉、戊子、己丑、辛卯、癸巳、乙未、己亥、庚子、壬寅、戊申、壬子、甲寅、丙辰、戊午，黄道、生气、天月德及合、满、成日。

作门忌日

春不作东门，夏不作南门，秋不作西门，冬不作北门，与修门同。

修门吉凶

扫厨灶

宜壬癸日及水日。

修水廓

宜天聋地哑日，忌每月巳、午、未日及三月，无牛之家不忌。

砌花台

与动土日同，宜水、木日，忌金、土日。

作厕

宜庚辰、丙戌、癸巳、壬子、己未，天乙绝气，伏断上闭，忌正月廿九日。

修厕

宜己卯、壬子、壬午、乙卯、戊午。忌春夏正六月及六甲胎神占月，牛胎四、十月占。

安碓硙磨碾油榨

宜庚午、辛未、甲戌、乙亥、庚寅、庚子、庚申、聋哑日。

修磨日

与安磨日同，忌牛胎，正七月占。

开池

宜甲子、乙丑、甲申、壬午、庚子、辛丑、辛亥、癸巳、癸丑、辛酉、戊戌、乙巳、丁巳、癸亥、天月二德及合、生炁、成、开日。

开沟渠

宜甲子、乙丑、辛未、己卯、庚辰、丙戌、戊申、开、平日。

前二条忌玄武黑、天贼、土瘟、受死、大小耗、龙口、伏龙、咸池，冬壬癸日、九土鬼、土痕、水隔、四废、天地转杀。

穿井

宜甲子、乙丑、癸酉、庚子、辛丑、壬寅、乙巳、辛亥、辛酉、癸亥、丙子、壬午、癸未、乙酉、戊子、癸巳、戊戌、戊午、己未、庚申、甲申、癸丑、丁巳，黄道、天月二德及合、生气、成日。

修井

宜甲申、庚子、辛丑、乙巳、辛亥、癸丑、丁巳、壬午、戊戌、成日。

前二条忌黑道、天瘟、土瘟、天贼、受死、土忌、血忌、飞廉、九空、大小耗、水隔、九土鬼、正四废、刀砧、天地转杀、水痕、伏

断、三、六、七月及卯日、泉竭、泉闭日。

辛巳、己丑、庚寅、壬辰、戊申，以上系泉竭日。戊辰、辛巳、己丑、庚寅、甲寅，以上系泉闭日。

器用类
造妆奁

宜黄道、生气、要安、吉期、活曜、天庆、天瑞、吉庆、天月二德合、天喜、金堂、玉堂、益后、续世、三合、成日。

忌天瘟、四废、九土鬼、魁罡、勾绞、月破、火星、离窠、危日。

造床

与造妆奁同。

造桔槔

即水车。

宜黄道、天月二德、生气、三合、平、定日。

忌黑道、虚耗、焦坎、田火、地火、九土鬼、水隔、水痕、破日。

论一年四季之月

每月忌吉凶星临值日，宜查。

寅、申、巳、亥谓之四孟月，正、四、七、十月：

甲子、癸酉、壬午、辛卯、庚子、己酉、戊午，妖星（上齐星）。

乙丑、甲戌、癸未、壬辰、辛丑、庚戌、己未，或星（上火星）。

丙寅、乙亥、甲申、癸巳、壬寅、辛亥、庚申，利星（上利星）。

丁卯、丙子、乙酉、甲午、癸卯、壬子、辛酉，煞星（上显星）。

戊辰、丁丑、丙戌、乙未、甲辰、癸丑、壬戌，直星（上曲星）。

己巳、戊寅、丁亥、丙申、乙巳、甲寅、癸亥，利星（上朴星）。

庚午、己卯、戊子、丁酉、丙午、乙卯，角星（上解星）。

辛未、庚辰、己丑、戊戌、丁未、丙辰，传星（上传星）。

壬申、辛巳、庚寅、己亥、戊申、丁巳，章星（上火星）。

子、午、卯、酉谓之四仲月，二、五、八、十一月：

甲子、癸酉、壬午、辛卯、庚子、己酉、戊午，或星（上利星）。

乙丑、甲戌、癸未、壬辰、辛丑、庚戌、己未，利星（上显星）。

丙寅、乙亥、甲申、癸巳、壬寅、辛亥、庚申，煞星（上曲星）。

丁卯、丙子、乙酉、甲午、癸卯、壬子、辛酉，直星（上朴星）。

戊辰、丁丑、丙戌、乙未、甲辰、癸丑、壬戌，利星（上解星）。

己巳、戊寅、丁亥、丙申、乙巳、甲寅、癸亥，角星（上传星）。

庚午、己卯、戊子、丁酉、丙午、乙卯，传星（上章星）。

辛未、庚辰、己丑、戊戌、丁未、丙辰，章星（上齐星）。

壬申、辛巳、庚寅、己亥、戊申、丁巳，妖星（上利星）。

辰、戌、丑、未谓之四季月，三、六、九、十二月：

甲子、癸酉、壬午、辛卯、庚子、己酉、戊午，利星（上显星）。

乙丑、甲戌、癸未、壬辰、辛丑、庚戌、己未，煞星（上曲星）。

丙寅、乙亥、甲申、癸巳、壬寅、辛亥、庚申，直星（上朴星）。

丁卯、丙子、乙酉、甲午、癸卯、壬子、辛酉，利星（上解星）。

戊辰、丁丑、丙戌、乙未、甲辰、癸丑、壬戌，角星（上传星）。

己巳、戊寅、丁亥、丙申、乙巳、甲寅、癸亥，传星（上章星）。

庚午、己卯、戊子、丁酉、丙午、乙卯，章星（上齐星）。

辛未、庚辰、己丑、戊戌、丁未、丙辰，妖星。

壬申、辛巳、庚寅、己亥、戊申、丁巳，或星。

妖星值日凶

如值此星者，名为玄武入宅，凡遇人家起造、嫁娶、移徙、上官赴任、开张典店、出入祭祀等项，不出一年内，主人口凶，连遭官非，动作安葬，失财被盗，牢禁刑狱，人口落水，四百日内有疾病孝服，损财口舌自东南方来，三年内大凶，即齐星是也。

或星值日凶

如值此星者，名曰朱雀入宅，主当年火盗怪灾，一日落一日，官非财散，六畜伤死，男女淫活，缺唇丧服，只宜安坟，若有他事不美，此星即火星也。

利星值日凶

如值此星者，名曰白虎入宅，凡一应嫁娶、上官、开张等事，不出一年之内，损财疾病，致虎咬蛇伤，官非淫乱，若有积阴德之人见血灾，奴婢当灾也。

朴星值日凶

如值此星者，名曰黑杀入宅，凡遇造作、嫁娶、店肆等事，不出一年内主疯疾之人见凶，更有火盗、官灾、淫乱，虎咬蛇伤，若本人有福，立见虚耗不祥之意。

煞星值日吉

如值此星者，名曰金柜、六合、青龙、天德星入宅。凡人家修造、嫁娶、开店铺、上官、出行等，不三年内官者加禄，老者增寿，合家孝顺，百事称心，所谓大吉庆、喜如意者即显星也。

传星值日吉

如值此星者，名曰太阴金堂入宅。凡遇造作、嫁娶、上官赴任、开张店铺、移徙入宅、出行等事，不出一年之内，主生贵子，三年之间有位至公卿，无官得福无量，所谓吉庆财谷丰余，得外人财，喜用自然交集者，即紫微星也。

直星值日吉

如值此星者，名曰玉堂入宅。凡人家修造、嫁娶、开店、上官、出行，不出三年内，官位高迁，田蚕兴隆，男贵女清，决招横财，百事称心。若遇金神七煞凶至年月日，先吉后主灾，失财多遭官事，此即文曲星也，如无不遇金神七煞，此日上好。

角星值日凶

如值此星者，名曰太阳符入宅。凡嫁娶、造作、赴任、出行，不过三年内主遭官灾、火盗，更忌生产死，若主人有阴德，只见口舌，经答谢，此即解星也。

章星值日凶

如值此星者，名曰勾陈符入宅。凡遇造作、嫁娶、开张店舍、赴任、出行、安葬等事，不出一年内主有人口退散，官灾火盗。如上梁造船，可见匠人血光之灾。主人要与诸家历书不同阴阳，不同人口救苦经亦宅宝，又日灵经异书，莫传与天下遇人。如七煞星，虽遇吉神，亦不可用，有失有散。

宅德星入命，宜修造，注寿延年为兆，自作添进人口及北方田宅，财旺富贵之吉兆也。

宅福星入命，宜修造兴工，三财进益，田宅兴旺，大吉利也。

宅禄星入命，宜修造屋，此年修造，不论钱，动土兴工，不用六十日，横财来，天地龙神自降福。

宅宝星入命是祥星，若逢修造必添丁，造屋未成横财至，子孙昌顺，后头兴旺。

宅败星入命，名下虚耗，若兴工造作，立生灾殃，如不忌，官

图4-21　九天玄女活曜玖星图

火盗。

宅虎星守命，不宜修造，若见灾惊，小修未可，龙虎入宫，动土修濠，可歇安宁。

宅哭之年多祸凶，难依作福保阴功，握凿造作人不信，二年之内见贫穷。

宅鬼之年鬼兵，偏宜作福向中廷，金神太乙来修作，当年之内主伶仃。

宅死星运福，周围修造之工，立见颓凭，汝豪强福禄旺，未成先已身危。

肘金语

大凡起造、修理等用，但看当家人或子息承继之人，绝轮到其年星位吉凶择用，就于吉年内选月、日、时刻用之，则吉。不信者，诚之多验，功宜细详，观可久也。

鹤神方位

正东方：乙卯、丙辰、丁巳、戊午、己未。

东南方：庚申、辛酉、壬戌、癸亥、甲子、乙丑。

正南方：丙寅、丁卯、戊辰、己巳、庚午。

西南方：辛未、壬申、癸酉、乙亥、丙子。

正西方：丁丑、戊寅、己卯、庚辰、辛巳。

东北方：壬午、癸未、甲申、乙酉、丙戌、丁亥。

正北方：戊子、己丑、庚寅、辛卯、壬辰。

余日上天，直至己酉日起，甲寅日止，还归东北方。（图像在后[1]）

---

〔1〕原文如此，但图像遗缺。

喜神方歌

甲巳东北丁壬南，乙庚西北喜神安，丙辛正在西天南，戊癸东南是位方。【惟有丁出行并】

吟神煞

正四七十月逢酉，二五八十一月逢巳，三六九十二月逢丑，此月逢吟人是。

红纱煞

并分南北红纱。【南正、二、三、四月为孟，五、六、七、八月为仲，做此。北正为孟，三为季，孟酉仲巳为丑，做此。】

正二三四月酉日，五六七八月巳日，九十十一十二月丑日。此是红纱日，当忌，出行犯之，老不归家；起造犯此日，白日火烧；得病犯之，必挂细麻；嫁娶犯之，百日败家。

彭祖百忌日

甲不开仓，财物耗散。乙不栽植，千枝不长。

丙不修灶，必见火殃。丁不剃头，头必生疮。

戊不受田，田主不祥。己不破券，二主并亡。

庚不经络，机织虚张。辛不合酱，主人不尝。

壬不决水，难更堤防。癸不词讼，理弱敌强。

子不问卜，自惹灾殃。丑不冠带，主不还乡。

寅不祭祀，神鬼不尝。卯不穿井，井泉不香。

辰不哭泣，主必重丧。巳不远行，财物伏藏。

午不苫盖，屋主更张。未不服药，毒气入肠。

申不安床，鬼祟入房。酉不会客，醉坐颠狂。

酉不出鸡，令其耗亡。戌不吃犬，作怪上床。

亥不嫁娶，不利新郎。亥不出猪，再养难偿。

建可出行，切忌开廒。除可服药，针灸亦良。

不宜出债，财物难偿。满可市肆，服药遭殃。

财神方

求财之吉，甲巳日东北方，丙丁日正西方，乙日西南方，戊日西北方，庚辛日正东方，壬癸日正南。

贵神方

求名趋之吉，丁日正东方，壬日正南方，己日正北方，癸日正西方，乙日西南方，辛日东南方，甲庚西北方，丙戊东北方。

择日纪全卷终

参考文献

［1］明刻本，《新镌京板工师雕斫正式鲁班经匠家镜》，《故宫珍本丛刊》（第410册），海口：海南出版社，2000年。

［2］明刻本，《工师雕斫正式鲁班木经匠家镜》，《北京图书馆古籍珍本丛刊》（第47册），书目文献出版社，1998年。

［3］清乾隆刻本，《新镌工师雕斫正式鲁班木经匠家镜》，《续修四库全书》（第879册），上海古籍出版社，2002年。

［4］（南宋）袁采：《袁氏世范》，《四库全书》（第698册），台北：台湾商务印书馆，1986年。

［5］（明）王圻、王思义：《三才图会》，上海古籍出版社，1988年。

［6］（清）李斗撰，汪北平、涂雨公点校：《扬州画舫录》，北京：中华书局，1960年。

［7］（元）王祯著，王毓瑚校：《王祯农书》，北京：农业出版社，1981年。

［8］潘谷西：《中国古代建筑史》（第四卷元明建筑），北京：中国建筑工业出版社，2001年。

［9］李宗山：《中国家具史图说》，武汉：湖北美术出版社，2001年。

［10］（明）午荣编，李峰整理：《新镌京版工师雕斫正式鲁班经匠

家镜》，海口：海南出版社，2003年。

[11] 程建军、孔尚朴：《风水与建筑》，南昌：江西科学技术出版社，2005年。

[12] 濮安国：《明清家具鉴赏》，杭州：西泠印社出版社，2004年。

[13] 〔美〕白馥兰著，江湄、邓京力译：《技术与性别——晚期帝制中国的权力经纬》，南京：江苏人民出版社，2006年。

[14]（明）高濂著，王大淳、李继明、戴文娟、赵加强整理：《遵生八笺》，北京：人民卫生出版社，2007年。

[15] 王世襄：《明式家具研究》，北京：生活·读书·新知三联书店，2008年。

[16] 王世襄：《明式家具珍赏》，北京：文物出版社，2008年。

[17] 胡德生：《明清宫廷家具》，北京：紫禁城出版社，2008年。

[18] 闻人军译注：《考工记译注》，上海古籍出版社，2008年。

[19] 项隆元：《〈营造法式〉与江南建筑》，杭州：浙江大学出版社，2009年。

[20]（北宋）李诫著，邹其昌点校：《营造法式》，北京：人民出版社，2011年。

[21]（明）计成著，李世葵、刘金鹏编著：《园冶》，北京：中华书局，2011年。

[22] 胡德生：《故宫明式家具图典》，北京：故宫出版社，2011年。

[23] 米鸿宾：《道在器中——传统家具与中国文化》，北京：故宫出版社，2012年。

[24]（明）曹昭著，杨春俏编著：《格古要论》，北京：中华书局，2012年。

[25] 濮安国：《中国红木家具》，北京：故宫出版社，2012年。

[26]（明）文震亨著，李瑞豪编著：《长物志》，北京：中华书

局，2012年。

［27］（明）宋应星：《天工开物》（精装插图本），北京：中国画报
出版社，2013年。

［28］（明）何士晋撰，江牧校注：《工部厂库须知》，北京：人民
出版社，2013年。

［29］何晓道：《江南明清门窗》，南京：江苏美术出版社，
2013年。

［30］李新建：《苏北传统建筑技艺》，南京：东南大学出版社，
2014年。

［31］〔德〕古斯塔夫·艾克（Gustav Ecke）著，高灿荣译：《中国
花梨家具图考》（中文版），台北：南天出版社，2014年。

［32］侯洪德、侯肖琪：《图解〈营造法原〉做法》，北京：中国
建筑工业出版社，2014年。

［33］潘谷西主编：《中国建筑史》（第七版），北京：中国建筑工
业出版社，2015年。

［34］濮安国：《明清苏式家具》，北京：故宫出版社，2015年。

［35］胡德生：《中国古典家具》，北京：文化发展出版社，2016年。

［36］潘谷西、何建中：《〈营造法式〉解读》（修订本），南京：
东南大学出版社，2017年。

［37］（清）李渔著，杜书瀛译注：《闲情偶寄》，北京：中华书
局，2014年。

［38］（明）午荣、严章撰，江牧、冯律稳、解静汇集、整理并点
校：《〈鲁班经〉全集》，北京：人民出版社，2018年。

［39］牛建强：《明代社会研究》，上海人民出版社，2018年。

［40］陈志华：《乡土漫谈》，北京出版社，2018年。

［41］马全宝、侯晓萱：《苏州帮、徽州帮、婺州帮传统木构架的
构造与工艺》，《民艺》，2018年第2期，第81—86页。

［42］谢亚平、杨茜茹、李超：《传统村落民居营建习俗》（上），
　　《民艺》，2018年第5期，第16—21页。

［43］谢亚平、杨茜茹、李超：《传统村落民居营建习俗》（下），
　　《民艺》，2018年第6期，第17—23页。

《鲁班经》研究的已有成果

[1] 江牧、冯律稳、解静:《〈鲁班经〉全集》,北京:人民出版社,2018年。

[2] 解静、林鸿、江牧:《〈鲁班经〉的流传及版本演变研究》,《南京艺术学院学报》(美术与设计),2015年第6期,第52—56页。

[3] 江牧、解静、江小浦:《〈鲁班经〉北京馆藏古籍辨析及其版本的研究》,《南京艺术学院学报》(美术与设计),2016年第4期,第33—37页。

[4] 江牧、冯律稳:《江浙沪馆藏〈鲁班经〉十一行本溯源及刊印时间研究》,《艺术设计研究》,2017年第2期,第71—76页。

[5] 江牧、冯律稳:《北图-故宫本〈鲁班经〉版本特征分析及其演变》,《创意与设计》,2017年第5期,第14—17页。

[6] 江牧、冯律稳:《明代万历本〈鲁班经〉研究》,《民艺》,2019年第1期,第75—80页。

[7] 江牧、冯律稳:《"续四库本"〈鲁班经〉版本的特征分析及其演变》,《创意设计源》,2019年第1期,第33—40页。

[8] 江牧、冯律稳:《现存〈鲁班经〉典籍特征及归类分析》,《山东工艺美术学院学报》,2019年第1期,第76—80页。

[9] 江牧、冯律稳:《明代〈鲁班经〉的时代文化特性研究》,《民艺》,2020年第1期,第84—90页。

后 记

　　儿时就听祖辈老人谈及"鲁班"，在那些充满神迹的故事里，鲁班已是个神话人物，既无所不能颇具神通，又聪明智慧略带神秘。及长，上学读书，才在课本与课外读物中逐渐了解到与鲁班相关的历史中真实存在的人物。一般公认公输般是鲁班的原型，其生于春秋末期的山东滕州，殁于战国初期（公元前444年），为当时著名工匠，又称公输子、公输盘、班输、鲁般，因是鲁国人，古时"般"又通"班"，后世人多称之为"鲁班"。

　　在传说中，公输般是一位机智过人的能工巧匠，他发明了木工的常用工具锯子、曲尺、墨斗，还发明了石磨等农具。《物原·器原》说他发明了硙、磨、碾子等农业器具，这在当时极大地提高了粮食加工的效率；《古史考》则记载铲也是公输般发明的，这些工具直到两千多年后的今天仍在使用。公输般的发明领域十分广泛，根据《墨子》《战国策》《淮南子》等古籍的记载，云梯、钩强等军事器械都是他的发明，民间传说中，伞、锁等用具的发明也被归到他的名下。无论这些真的是鲁国人公输般的发明，还是只是佚名工匠托名的创造，从两千多年来，鲁班被木匠乃至建筑工程、器具设计行业奉为祖师爷，可以看出鲁班逐渐成为以公输般为主体，附加历代工匠智慧而创造出的一位神化了的人物，以至于后世任何一项比较重要的营造创新或发明如果附会为鲁班仙师的创造，都会更具说服力，更易于传播。

　　大学毕业参加工作之后，曾去江西、浙江的一些古村落考察，这才实地接触到一些民间的建筑营造。在与当地木匠师傅的交谈中，无论是建筑屋架的大木作，还是室内家居的小木作，都感受到了鲁班仙师对于我国南方建筑营造文化的深远影响。尽管没有人能够说清楚到底从鲁班仙师那里继承和学习了什么技艺，但是他们都骄傲地宣称某个做法或某种仪式是鲁班仙师创立的，之后就这么一直流传下来。这些散落于民间各地互不相识的匠人众口一词，充满崇敬，不由得使人在对鲁班心生景仰的同时产生强烈的好奇心，这位中国历史上的木匠祖师到底发明、创造和规范了什么技术和文化，能够影响中国建造技艺与文化两千多年？

　　2004年，我考入清华大学美术学院攻读博士学位，师从杭间教授。入学不久，在关于我的博士阶段研究选题的研讨中，杭师提出了几个选题方向，《鲁班经》研究就是其中之一，由于后来选定了别的研究题目，关于《鲁班经》的研究也就暂时搁置下来。但是自小在脑海中萦绕的对于鲁班以及《鲁班经》的好奇心非但没有泯灭，反而随着时间的推移愈加强烈。2008年我到苏州大学艺术学院工作之后，对于中国古代设计典籍的整理与研究成为个人研究计划中一个重要的领域，对《鲁班经》的整理研究正式提上日程。2014年申报的"鲁班经版本研究"获批教育部人文社会科学研究规划基金项目，同年申报的"江浙沪馆藏鲁班经版本的整理与研究"又获批江苏省社会科学基金项目，让课题研究有了资金上的保证，极大地推动了研究的进展。经过近七年的研究，2018年3月，两个课题的研究成果《〈鲁班经〉全集》由人民出版社出版，整理的八篇研究论文陆续发表于《南京艺术学院学报》《艺术设计研究》等CSSCI期刊。

　　2018年暑期，当我将新出版的《〈鲁班经〉全集》赠予杭师请他指正之时，杭师正式邀请我参与他当时正在着手组织的"中国传统工艺经典丛书"课题组，主要从事《〈鲁班经〉图说》的研究撰写工作。这正符合我在《鲁班经》点校告一段落之后的下一阶段计划，即由对古籍的整理进入对古籍的研究。我和我的博士研究生冯律稳很快就开始了研究工作，主要分为两个阶段：先是对古籍原本的文字注释，包括具体字的辨识、释义和注解，词组和句子的划分、注释；然后查找和选择合适的图片以利于读者理解文本内容，并择要进一步补说解释。这种图解补说的方式对于现代人阅读古代典籍比较便捷，在形式上也比较新颖。之前杭师带领的课题组和山东画报出版社在这方面有着丰富且成功的经验，2002 年合作出版的一套"图说"系列丛书获得了专家和读者的肯定，图书不断加印，甚至再版，产生了很好的社会效益。这也激励着我们以全部的精力投入到对《鲁班经》的释读图解工作中，经过两年半的持续研究，终于在 2020 年底交出了这份自以为尚可的答卷。

2020 年的世界颇不太平，各种大事件与无数的小事情交织在一起，时代的洪流中隐现着蝴蝶的翅膀。2021 年，世界各国有望走出病疫的泥沼，人们可以重新自由地在阳光下呼吸，回归正常的生活。我们对于《鲁班经》的研究也经历了 2020 年上半年的封城封校，但从未中断。2019 年末，我还应邀前往澳门，参加作为澳门回归 20 周年庆典活动之一的澳门非物质文化遗产暨古代艺术国际博览会之明式家具研究学术研讨会，并以研究成果发表主旨演讲。在注定的大时代里，在百年未有之大变局中，希望对《鲁班经》的释读研究可以丰富对优秀传统文化的解读，为建立我国的文化自信奉献绵薄之力，如此，身处其中亦不枉此生矣。

江 牧

辛丑年蒲月于独墅湖畔

图书在版编目（CIP）数据

鲁班经图说 /（明）午荣汇编；江牧，冯律稳注释. —济南：
山东画报出版社，2021.6
（中国传统工艺经典/杭间主编）
ISBN 978-7-5474-3884-8

Ⅰ.①鲁… Ⅱ.①午… ②江… ③冯… Ⅲ.①古建筑－建筑艺术－
中国－明代－图解 Ⅳ.①TU-092.48

中国版本图书馆CIP数据核字(2021)第063511号

LUBANJING TUSHUO
鲁班经图说
〔明〕午荣 汇编　江牧　冯律稳 注释

项目统筹　怀志霄
责任编辑　怀志霄
装帧设计　王　芳

出 版 人　李文波
主管单位　山东出版传媒股份有限公司
出版发行　山东画报出版社
　　　　　　社　　址　济南市市中区英雄山路189号B座　邮编 250002
　　　　　　电　　话　总编室（0531）82098472
　　　　　　　　　　　市场部（0531）82098479　82098476（传真）
　　　　　　网　　址　http://www.hbcbs.com.cn
　　　　　　电子信箱　hbcb@sdpress.com.cn
印　　刷　山东临沂新华印刷物流集团有限责任公司
规　　格　976毫米×1360毫米　1/32
　　　　　　16.75印张　355幅图　466千字
版　　次　2021年6月第1版
印　　次　2021年6月第1次印刷
书　　号　ISBN 978-7-5474-3884-8
定　　价　188.00元

如有印装质量问题，请与出版社总编室联系更换。